W0259071

Der wirtschaftliche Aufbau der elektrischen Maschine

von

Dr. techn. Milan Vidmar

Mit 7 Textabbildungen

Berlin
Verlag von Julius Springer
1918

ISBN-13: 978-3-642-90492-9 e-ISBN: 978-3-642-92349-4
DOI: 10.1007/978-3-642-92349-4

Vorwort.

Der Weltkrieg hat dem Konstrukteur elektrischer Maschinen große Schwierigkeiten gebracht. Baustoffe, die sich bestens bewährt haben, mußten durch unerprobte ersetzt werden, damit sie anderweitigen dringenden Bedarf decken konnten. Aluminium und Zink traten an die Stelle von Kupfer, Papier an die Stelle der Baumwolle.

Am störendsten ist indessen von allen Kriegserscheinungen vielleicht die wilde Bewegung der Baustoffpreise. Daß alles teurer geworden ist, ist dabei das kleinere Übel. Weit unangenehmer ist der Umstand, daß nicht alle Stoffe gleichmäßig teurer geworden sind. Die Konstruktion verliert angesichts der Störung des Preisgleichgewichtes den inneren Halt, sie altert rasch, vorzeitig, sie geht im Weltsturm zugrunde.

Das Problem des wirtschaftlichen Aufbaues der elektrischen Maschine ist nie so aktuell gewesen wie jetzt. Es ist schon lange studiert worden, und Ansätze von Lösungen findet man an mehreren Stellen der Fachliteratur. Auch der Verfasser hat bereits vor dem Weltkriege Beiträge veröffentlicht. Erst während des Krieges aber gelang es ihm, einige wichtige Gesetze zu finden, und so konnte der erste Versuch des Aufstellens einer konstruktiv-wirtschaftlichen Theorie des Elektromaschinenbaues unternommen werden.

Daß dieser Versuch praktisch glückte, ist ein Verdienst der Verlagsbuchhandlung. Ob er auch sachlich geglückt ist, wird der Leser zu beurteilen haben. Aber er mußte unternommen werden, die Not der Zeit drängt.

Wien, Ende August 1918. **Der Verfasser.**

Inhaltsverzeichnis.

Einleitung.

1. Die Schwierigkeiten des wirtschaftlichen Aufbaues der elektrischen Maschine und die Ansätze der Theorie. Eine unendliche Fülle von Formen zieht an dem geistigen Auge des Ingenieurs vorbei, der an die Reihe der Jahre seiner konstruktiven Tätigkeit zurückdenkt. Alle möglichen Maschinen hat er gebaut, große, kleine, langgestreckte und flache, von großem Durchmesser; Transformatoren, Motoren und Stromerzeuger drängen sich im bunten Erinnerungsbild zusammen.

Vom körperlichen Bild der Maschine, wie sie zuletzt im Prüffeld gestanden hat, schweben die Gedanken zurück. Nach der halbfertigen Konstruktion, die der Konstrukteur in der Werkstätte gesehen hat, taucht die Konstruktionszeichnung auf und die Überlegungen werden wieder lebendig, die beim Entwurf angestellt wurden, die durch das Wirrnis der Möglichkeiten zum Ziele führten.

Der letzte Eindruck ist zweifellos der der Unsicherheit beim ersten Versuch, eine Maschine zu entwerfen. Auch der Erfahrene weiß, wie er immer zuerst ins Leere greifen mußte, wie er tastend die ersten Schritte unternahm, wie er mühsam dem Ziele zustrebte. Er weiß, daß ihm keine Theorie zur Seite stand, wenn es hieß, eine neue Maschine aufzubauen. Nur Anhaltspunkte, nur Richtlinien, vielleicht noch am besten sein dunkles Gefühl für das Richtige, seine Erfahrungen.

Und trotzdem sagt sich jeder Konstrukteur, der nach jahrelanger Tätigkeit zu philosophieren anfängt, daß alle seine gelösten Probleme irgendwelchen Gesetzen folgen müssen. Er kann den Eindruck nicht loswerden, daß vielleicht viel Arbeit hätte erspart werden können, wenn er das ganze Feld überblickt hätte, wenn er rechtzeitig herausgefunden hätte, warum hartnäckige Bemühungen, etwas besonders gutes zu erreichen, immer wieder zu bekannten Zielen führten. Er fühlt aus der Mannigfaltigkeit der Formen ein System heraus und glaubt, ungern zwar, aber doch, an eine Entwurfslehre.

Wenn er jedoch daran denkt, wie kläglich alle Versuche, durch verwickelte Rechnungen die günstigsten Abmessungen einer Maschine analytisch zu bestimmen, gescheitert sind, wenn er die schrecklichen Formeln wieder vor sich sieht, die zuweilen aufgestellt worden sind, um den Entwurf jedem noch so unerfahrenen zu ermöglichen, verwirft er unwillig den sich aufdrängenden Gedanken. Nein, mit Formeln kann eine gute Maschine nicht aufgebaut werden. Es gehört mehr dazu.

Man kann in der Tat nicht alles in mathematischen Ansätzen berücksichtigen. Man müßte vieles vernachlässigen, vieles vereinfachen, wenn man analysieren wollte. Was ist aber dann die natürliche Folge? Die Extrema, die man sucht, der kleinste Preis, der größte Wirkungsgrad, das kleinste Gewicht, verlaufen erfahrungsgemäß außerordentlich schleichend. Große Änderungen sind im Gesamtbild der Abmessungen zulässig, bevor der mathematisch günstigste Fall erheblich verschlechtert ist. Innerhalb so großer Grenzen gelten aber die Vernachlässigungen und Vereinfachungen auf keinen Fall, die Rechnung ist sinnlos und falsch.

Wenn angesichts dieser Tatsachen der erfahrene Konstrukteur nur die praktische Analyse für das einzig richtige Verfahren hält, wenn er sich darauf beschränkt, beim Entwurf eine Reihe von Versuchsrechnungen durchzuführen, die immer in alle Einzelheiten eindringen, so hat er sicher einen einwandfreien Weg gewählt. Aber er hat trotzdem die Pflicht, auf die innere Stimme zu hören, die ihm sagt, daß es doch Entwurfsgesetze geben müsse. Er muß nachsehen, ob es zwischen dem aussichtslosen Versuch einer mathematischen und dem sicheren Weg einer praktischen Analyse nicht doch noch etwas gibt, was das Richtige, die wahre Wissenschaft des Entwurfes sein könnte.

Was könnte es wohl sein? Was wäre imstande, die Formen und Gestalten des Elektromaschinenbaues zu beherrschen? Losgelöst von der Erwärmungstheorie, von der rein elektrischen Theorie, von den allgemeinen Lehren des Maschinenbaues müßte eine eigene Formenlehre aufgestellt werden, die immer die Ziele des Konstrukteurs, den kleinen Preis und den großen Wirkungsgrad, vor Augen hätte.

Ist eine Geometrie des Elektromaschinenbaues wirklich undenkbar? Gewiß nicht. Der alte Traum des erfahrenen Erbauers elektrischer Maschinen fängt an, Form und Gestalt anzunehmen. Was Formeln und Berechnungen von Extremen nicht geben können, kann die Geometrie bieten. Sie braucht die Maschine nicht zu zergliedern, sie hat es nicht nötig, mit den einzelnen Abmessungen des Motors oder des Transformators zu arbeiten, sie kann die Körper, die Wicklungen und die Eisenkerne nehmen, wie sie sind. Sie darf sich nicht zersplittern, großzügig müssen ihre Gesetze sein.

Die Geometrie des Elektromaschinenbaues kann uns in der Tat unschätzbare Dienste leisten. Sie kann die konstruktive Tätigkeit wesentlich vereinfachen, indem sie unnütze Versuche erspart. Sie kann dagegen das Ausarbeiten der Einzelheiten nicht überflüssig machen, weil sie nicht alle die unzähligen Schwierigkeiten berücksichtigen kann, die dem Konstrukteur entgegentreten. Das ist keine Schwäche, sondern eine Stärke dieses eigentümlichen Teiles der Baulehre. Denn, auf das Mögliche beschränkt, kann sie vorzügliches leisten und helfen, statt einzuengen und lästig zu werden.

Daß die Theorie des Entwurfes von Kilogrammen, Marken, von Wirkungsgraden und Preisen spricht und doch eine Geometrie der elektrischen Maschinen ist, kann nicht wundernehmen. Für den Konstrukteur wiegt jedes Raumdezimeter der Maschine mehrere Kilogramm und kostet mehrere Mark. Er mißt seine geometrischen Formen mit dem Maß, das ihm die rauhe Wirklichkeit aufzwingt. Für ihn gelten in erster Linie die Gesetze, die in klingender Münze bestätigt werden, die sich dort bewähren müssen, wo kein Verständnis für geometrische Feinheiten vorhanden ist. Eine Geldgeometrie, aber doch eine Geometrie.

I. Die Gesetze der wachsenden Maschine.

2. Die Kritik der Konstruktion und das Problem der wachsenden Maschine. Wenn man den Aufbau einer elektrischen Maschine kritisieren will, muß man natürlich zeigen, wie sich die geometrische Gestalt der Wicklung und des Eisenkörpers bei der günstigsten Anordnung verhält. Man muß die Vorteile der notwendigen Umformung nachweisen, man muß die begangenen Fehler hervorheben.

So einfach die Aufgabe auf den ersten Blick aussieht, so schwierig wird sie, sobald der forschende Ingenieur tatsächlich nachsieht, wie sich eine etwaige Umgestaltung bemerkbar macht. Die kleinste Verschiebung in den Hauptabmessungen der Maschine zerstört nämlich die Vergleichsgrundlage, ohne die alle Versuche nutzlos sind — die festgesetzte Leistung der Maschine.

Wenn zum Beispiel ein Drehstrommotor untersucht wird und die Frage auftaucht, ob nicht mit Vorteil seine axiale Länge vergrößert werden sollte, so ist eine rasche Antwort deshalb unmöglich, weil mit der Verlängerung des Eisenkörpers die Leistung steigt. Die Geometrie des Elektromaschinenbaues steht offenbar vor allem vor der ersten Aufgabe, die Leistung bei Änderungen der Gestalt der Maschine festzuhalten.

Wie man zur Lösung der wichtigen Aufgabe gelangen kann, ist nicht sehr schwer zu finden. Wenn man zum Beispiel bei einem Drehstrommotor den Durchmesser verkleinern und die Maschinenlänge vergrößern will, ohne die Leistung zu ändern, so denkt man sich einfach zunächst nur den Eisenkörper mit der eingebetteten Wicklung verlängert. Da aber dabei die Leistung größer geworden ist, muß die geänderte Maschine in allen ihren Abmessungen wieder so weit verkleinert werden, bis die ursprüngliche Leistung hergestellt ist.

Das Verfahren ist einwandfrei. Es ist für die Geometrie des Elektromaschinenbaues von großer Bedeutung. Aber es zeigt nur den Weg zur Lösung der oben gestellten Aufgabe. Die Lösung selbst muß durch eine besondere Überlegung erst gesucht werden. Die Frage, wie sich die Leistung der Maschine mit den linearen Abmessungen ändert, wenn die geometrische Form ähnlich bleibt, ist nicht nur für die Formenlehre des Elektromaschinenbaues wichtig. Auch für den Fortschritt, für das Aufsteigen zu immer höheren Leistungen, für das

Aufbauen von Typenreihen, ist die Antwort, die sie sucht, von der größten Wichtigkeit.

Die Frage muß sogar noch erweitert werden. Nicht nur, wie die Leistung von der Größe der Maschine abhängt, muß festgestellt werden, auch die anderen Eigenschaften der Maschine, das Gewicht, die Verluste, der Leerlaufstrom, der Spannungsabfall, die kühlende Oberfläche müssen in ihrem Verhalten zu den linearen Abmessungen dem Konstrukteur bekannt sein.

Das erste Problem der Geometrie des Elektromaschinenbaues ist nach alledem das Problem der wachsenden Maschine. Es muß von zwei Voraussetzungen ausgehen, von der gegebenen geometrischen Gestalt und von den festgelegten elektromagnetischen Beanspruchungen. Es beschäftigt sich mit einer unbegrenzten Reihe von Maschinen, die, untereinander geometrisch ähnlich, immer größer und größer werden und die durchwegs mit derselben Stromdichte im Kupfer und mit derselben Liniendichte im Eisen arbeiten.

Auch der praktische Konstrukteur stellt sich auf den Standpunkt des Problems, das wir zuerst zu lösen haben, wenn er nach bewährten Mustern eine größere Maschine entwerfen will. Er hütet sich, die geometrische Gestalt zu verlassen und er hat keinen Anlaß, das Kupfer und das Eisen anders zu belasten, als dort, beim gelungenen Vorbild. Das Problem der wachsenden Maschine ist offenbar ein Problem von großer praktischer Bedeutung; daß es auch für unsere Formenlehre die notwendige Grundlage bilden muß, haben wir bereits gesehen.

3. Das Gesetz der Leistung, der Gewichte und des Preises. Eine Vereinfachung müssen wir vorderhand einführen, wenn wir eine glatte Lösung des Problems der wachsenden Maschine ermöglichen wollen. Den Magnetisierungsstrom des Transformators, des Induktionsmotors, des Drehstrom- und Gleichstromerzeugers, der den Kraftfluß der unbelasteten Maschine erzeugt, wollen wir zunächst vernachlässigen.

Diese Vernachlässigung muß durchaus nicht ohne weiteres zulässig sein. Daß sie es z. B. bei kleinen Gleichstrommaschinen nicht ist, liegt auf der Hand. Wenn sie trotzdem zugelassen wird, so geschieht dies mit dem ausdrücklichen Vorbehalt, später den Fehler wieder gutzumachen und mit dem Bewußtsein, daß Vorsicht geboten ist.

Nun bereitet es keine Schwierigkeit, die Leistungsänderung bei Vergrößerungen der Abmessungen zu bestimmen. Wenn die Strom- und die Liniendichte unverändert bleiben, die Stromquerschnitte aber naturgemäß mit dem Quadrat der linearen Abmessungen größer werden, so muß auch einerseits der Kraftfluß im Eisen und andererseits die Durchflutung der Wicklung mit dem Quadrat der Abmessungen wachsen. Die Leistung ist aber proportional dem Produkt der beiden Energieströme. Es ergibt sich also das sehr einfache Gesetz:

Die Leistung nimmt mit der vierten Potenz der linearen Abmessungen der Maschine zu.

Nicht nur für die Konstruktionspraxis, auch für die Formenlehre hat die Leistung eine größere Bedeutung als die Größe der Maschine. Wir werden mit Vorteil alles auf die Leistung beziehen, nicht auf die Abmessungen. Aus diesem Grunde empfiehlt es sich, das soeben gefundene Gesetz umzukehren, so daß es lautet:

Die linearen Abmessungen einer elektrischen Maschine nehmen mit der vierten Wurzel aus der Leistung zu.

Nun ergeben sich ohne Mühe einige weitere Gesetze der wachsenden Maschine. Das Gewicht der Wicklung oder des Eisenkörpers nimmt natürlich ebenso zu, wie der Rauminhalt dieser Maschinenteile. Man kann deshalb an Hand des ersten Gesetzes behaupten:

Das Kupfergewicht und das Eisengewicht einer elektrischen Maschine wachsen mit der $^3/_4$ten Potenz der Leistung.

Mit etwas geringerer Genauigkeit kann man auch das Preisgesetz aufstellen. Man rechnet bekanntlich im Elektromaschinenbau mit Gewichtseinheitspreisen, wenn man die Herstellungskosten von Wicklungen und Eisenkörpern bestimmen will. Diese Einheitspreise sind allerdings nicht ganz unveränderlich, aber man kann die kleine Abnahme, die sich bei wachsender Leistung zeigt, unbedenklich außer acht lassen. Sie kommt dadurch zustande, daß die Gewichtseinheitspreise nicht nur die Materialkosten berücksichtigen, sondern auch die Arbeitslöhne und die mit der Fabrikation verbundenen Unkosten mitnehmen müssen. Die Bearbeitungskosten werden aber bekanntlich, auf die Gewichtseinheit bezogen, um so kleiner, je größer die Maschine ist. Im Elektromaschinenbau ist das arbeitende Material, das legierte Eisen und das Kupfer, so teuer, daß es bearbeitet nur wenig mehr kostet als unbearbeitet, deshalb fällt der Kilogrammpreis der elektrischen Maschine mit der Leistung außerordentlich langsam und innerhalb weiter Grenzen gilt das Gesetz:

Der Preis nimmt mit der $^3/_4$ten Potenz der Leistung zu.

Bei kleinen Leistungsänderungen, vor allem bei Gestaltänderungen, wie sie die Formenlehre unternehmen muß, gilt das einfache Gesetz mit großer Genauigkeit. Es wird uns später außerordentlich wichtige Dienste leisten. Sobald eine geometrisch richtige Konstruktion gefunden ist, muß nämlich nicht nur die richtige Leistung durch gleichmäßige Änderung aller Abmessungen eingestellt werden, auch der Preis muß auf der letzten Strecke des Weges, der zum Ziele führt, überwacht werden, und das ermöglicht das Preisgesetz der wachsenden Maschine.

4. Das Gesetz der Leistung in der Praxis. Der Großmaschinenbau. Wenn die moderne Konstruktionspraxis durchwegs das Produkt aus dem Quadrat des Läuferdurchmessers und der Länge des arbeitenden Eisenkörpers als Maschinenkonstante bezeichnet, wenn sie also annimmt, daß bei gegebener Umdrehungszahl dieses Produkt der Leistung der Maschine proportional ist, so steht sie scheinbar im Widerspruch zu dem im vorigen Abschnitt abgeleiteten Gesetz der wachsenden Maschine. Sie nimmt ja eigentlich an, daß die Leistung mit der dritten Potenz der linearen Abmessungen wächst.

Der Unterschied zwischen Theorie und Praxis, der hier scheinbar vorliegt, ist leicht aufzuklären. Es ist bekannt, daß die oben erwähnte, von der Erfahrung herausgefundene Proportionalität eigentlich gar keine ist, denn die Proportionalitätskonstante ist noch von der Leistung abhängig; sie wird mit steigender Leistung langsam größer, wie es Erfahrungskurven zeigen.

Es handelt sich also in Wirklichkeit doch nicht um die dritte Potenz der Abmessungen, sondern um eine höhere. Man wird fast immer finden, daß die vierte Potenz das Richtige ist. Wo man statt 4 nur 3,8 herausbekommt, entdeckt man leicht den Grund der Abweichung. Fast immer handelt es sich in solchen Fällen um das Zusammenfassen von Maschinen, die gar nicht unter ein Gesetz gebracht werden können. Die vorausgesetzte geometrische Ähnlichkeit ist jedenfalls nicht vorhanden.

Aber gerade die kleinen Abweichungen machen eigentlich unser Wachstumsgesetz wertvoll. Daß es richtig ist, wenn alle Voraussetzungen, von denen es ausgeht, eintreffen, unterliegt keinem Zweifel. Daß es auch noch in der Praxis mit großer Genauigkeit gilt, beweist, daß die hier gemachten Voraussetzungen auch im wirklichen Leben nach Möglichkeit eingehalten werden und daß Abweichungen vom Ähnlichkeitsprinzip und vom Prinzip der Beibehaltung der Beanspruchungen praktisch die Herrschaft der Gesetze nicht umwerfen können.

Ist es nun endlich erwiesen, daß wir mit der Theorie auf sicherem Grund und Boden stehen, so steht der Auswertung der Grundgesetze nichts mehr im Wege. Hier soll vor allem hervorgehoben werden, was sie für die Entwicklung des Elektromaschinenbaues bedeuten.

Wenn die Leistung mit der vierten, der Preis dagegen mit der dritten Potenz der Abmessungen zunimmt, wird der auf die Leistung bezogene Preis der Maschine, der Kilowattpreis, der vierten Wurzel aus der Leistung umgekehrt proportional. Das in einer Maschine von 1 kW Leistung ausgebaute Kilowatt ist 10 mal teuerer, als wenn es einem 10 000-kW-Riesen entnommen wird.

Das ist der Hauptgrund für das Zusammenfassen der Leistungen, für das fortwährende Bestreben, immer größere Maschinen zu bauen, die Haupttriebfeder des Großmaschinenbaues. Deshalb hat in überraschend kurzer Zeit der Elektromaschinenbau riesige Leistungen erreicht. Wir rechnen schon mit 100 000 kW als möglicher Maschinenleistung. Der wirtschaftliche Erfolg, der in Aussicht steht, treibt uns fortwährend höher und höher.

Eine ernste volkswirtschaftliche Mahnung spricht aus den Grundgesetzen der wachsenden Maschine. Geld und Baustoffe sollen als Teile des Volksvermögens möglichst günstig verwertet werden. Wenn es feststeht, daß 10 000 Mark 100 000 mal wirksamer sind als 1 Mark, wenn ein vereinzeltes Kilogramm Kupfer nur ein Zehntel dessen leistet, was es leisten kann, wenn es neben 9999 anderen arbeitet, so besteht kein Zweifel, welches der richtige Weg beim Ausbauen von Stromerzeugungsanlagen und beim Anlegen von elektrischen Antrieben ist. Überflüssige Zersplitterungen müssen vermieden werden und unnötige kleine Anlagen müssen verschwinden.

Die Großwirtschaft, die sich immer mehr und mehr Bahn bricht, ist nicht zuletzt auf den eigentümlichen Vorteilen großer Maschinen aufgebaut. Das Zusammenfassen von mehreren Betrieben zielt immer auf die Möglichkeit, den Verbrauchsstrom in großen Maschinen zu erzeugen. Das ist letzten Endes Geometrie des Elektromaschinenbaues. Sie ist in der Praxis allerdings unter dem Gewirre der mechanischen, kalorischen und elektrischen Errungenschaften kaum zu entdecken. Aber sie ist die treibende Kraft.

5. Das Gesetz der Verluste, des Ohmschen Spannungsabfalles und des Magnetisierungsstromes. Die große Maschine hat noch weitere Vorteile neben dem verhältnismäßig geringen Preis. Auch das Gewicht befolgt dasselbe Gesetz wie die Herstellungskosten und der Raumbedarf bleibt auf seiner Seite. Das macht sich beim Transport und beim Anlegen der Betriebsräume bemerkbar.

Noch weiter greift das Gesetz der großen Maschine ein. Wir müssen daran erinnern, daß die Stromwärme im Kupfer dessen Gewicht und dem Quadrat der Stromdichte proportional ist und daß für die Eisenwärme mit genügender Genauigkeit ebenfalls die Proportionalität zum Eisengewicht und zum Quadrat der Liniendichte angenommen werden kann. Auch die Energieverluste im arbeitenden Material verhalten sich also so, wie der Preis und das Gewicht der Maschine.

Wenn wir dem neuen Gesetz der wachsenden Maschine die Form geben, die es am anschaulichsten macht, müssen wir sagen:

> Die auf die Leistung bezogenen Verluste im Eisen und im Kupfer sind der vierten Wurzel aus der Leistung umgekehrt proportional.

Ein weiterer Vorteil der großen Maschine wird sichtbar. Nicht nur die Anschaffungskosten und damit die jährlichen Ausgaben für deren Tilgung sind bei großen Leistungen verhältnismäßig geringer, auch die dauernden Verluste durch die in der Maschine vernichtete Arbeit gehen zurück. Die Ersparnisse verteilen sich auf alles, was mit der großen Maschine unternommen wird.

Daß der Wirkungsgrad mit der Größe der Maschine zunimmt, ist eine sehr bekannte Tatsache. Jede Preisliste bestätigt das hier Vorgebrachte. Natürlich kann das oben aufgestellte Gesetz nicht aus Wirkungsgraden herausgelesen werden, weil neben dem Eisen und dem Kupfer auch noch die Lager und die Luft, in der sich die Maschine bewegt, Arbeit verbrauchen.

In reiner Fassung kann das Verlustgesetz bei Transformatorenreihen beobachtet werden, wie überhaupt alle Gesetze der Geometrie des Elektromaschinenbaues die deutlichste Bestätigung im Transformatorenbau finden. Dies ist ganz natürlich. Beim ruhenden Transformator sind die störenden Begleiterscheinungen am schwächsten ausgeprägt. Es gibt bei ihm keine Lager- und Luftreibung, wenig totes Material und auch der Magnetisierungsstrom, den wir bisher vernachlässigt haben, spielt hier eine ganz unbedeutende Rolle. Der Transformatorenbau bestätigt das Verlustgesetz sehr schön. Ein neuer Beweis, daß unsere Theorie von richtigen Voraussetzungen ausgegangen ist und daß die Praxis oft unbewußt den Weg gegangen ist, den ihr die Theorie vorschreibt. Die Bestätigung des Verlustgesetzes ist aber auch unmittelbar von großer Bedeutung, weil es später in der Geometrie der elektrischen Maschine noch eine große Rolle spielen wird.

Noch zwei wichtige elektrische Betriebsgrößen der Maschine sind der vierten Wurzel aus der Leistung umgekehrt proportional: der prozentuelle Ohmsche Spannungsabfall und der prozentuelle Magnetisierungsstrom.

Für den Spannungsabfall ist der Nachweis sehr leicht zu führen. Er gibt mit dem Vollaststrom multipliziert offenbar die Verluste im Kupfer, während die Spannung selbst mit demselben Strom die Leistung als Produkt gibt. Der Ohmsche Spannungsabfall beansprucht demnach denselben Teil der Spannung, den die Stromwärme der Leistung entzieht.

Für den Magnetisierungsstrom gilt bei festgehaltener Dichte des Kraftflusses jedenfalls die Proportionalität zu den linearen Abmessungen der Maschine. Der Vollaststrom wächst bei unveränderter Stromdichte mit dem Quadrat der Abmessungen. Das Wachstumsgesetz für den bezogenen Magnetisierungsstrom ergibt sich daraus von selbst.

Vorläufig kann man demnach behaupten:

Der prozentuelle Ohmsche Spannungsabfall ist der vierten Wurzel aus der Leistung umgekehrt proportional und dasselbe gilt vom prozentuellen Magnetisierungsstrom, wenn nicht besondere konstruktive Maßregeln getroffen werden.

Damit sind wir beim ersten schwierigen Punkt des Problems der wachsenden Maschine angelangt und müssen dabei ein wenig verweilen.

6. Der Magnetisierungsstrom und das Problem der wachsenden Maschine. Wir denken an eine kleine Gleichstrommaschine. Sie habe eine ganz normale Nebenschlußerregerwicklung. Es ist bekannt, daß deren Durchflutung erheblich größer sein muß als die Ankerdurchflutung, so daß die Nebenschlußwicklung einen wichtigen Teil der Maschine bilden muß.

Vergrößern wir nun die Abmessungen der Maschine gleichmäßig, so steigt natürlich die Durchflutung der Erregerspulen ebenso wie die Durchflutung des Ankers, nämlich mit dem Quadrat der linearen Abmessungen. Die Erregung wird offenbar zu stark, weil der Luftspalt und die Länge des Eisenweges nicht so schnell größer werden. Es ist zwar richtig, daß ein Teil der erregenden Durchflutung ebenso schnell zunehmen muß wie der Ankerstrom, weil er der Ankerrückwirkung entgegenarbeiten muß. Aber es handelt sich nur um einen kleinen Teil.

Das erste Grundgesetz der wachsenden Maschine scheint versagen zu wollen. Es versagt auch in der Tat bei ganz kleinen Leistungen, und zwar nicht nur bei der Gleichstrommaschine, sondern auch beim Drehstromerzeuger, beim Induktionsmotor, ja selbst beim Transformator. Aber sobald es sich um einige Kilowatt handelt, wird beim Transformator der Magnetisierungsstrom ganz unbedeutend, beim Induktionsmotor nicht mehr ausschlaggebend, während bei der Synchronmaschine und bei der Gleichstrommaschine die Rücksicht auf die Ankerrückwirkung ein gewisses Verhältnis zwischen der Feld- und der Ankerdurchflutung verlangt.

Der Luftspalt der elektrischen Maschine kann dem einfachen geometrischen Wachstumsgesetz nicht untergeordnet werden. Wenigstens bei der Gleichstrom- und bei der Synchronmaschine muß man die wichtige Konstruktionsgröße freigeben. Ohne Rücksicht auf die geometrische Ähnlichkeit der Maschinen muß der Konstrukteur das magnetische Gleichgewicht immer herstellen können.

Die Forderung verlangt nichts unmögliches, ja nicht einmal etwas störendes. So wichtig die Größe des Luftspaltes für die Arbeitsweise der elektrischen Maschine ist, so unwichtig ist sie im geometrischen Bild der Gestalt der Konstruktion. Auch bei vollständiger Freizügigkeit der Bestimmung des magnetischen Hauptwiderstandes kann das geometrische Grundgesetz der wachsenden Maschine mühelos eingehalten werden.

Wenn man bei größeren Gleichstrom- und Synchronmaschinen gezwungen ist, ein gewisses Verhältnis zwischen der Feld- und der Ankerdurchflutung einzuhalten, so muß man natürlich den Luftspalt ebenso zunehmen lassen wie die Ankerdurchflutung, also mit dem Quadrat der linearen Abmessung. Geht man nun mit diesem Gesetz die Leitungsskala hinunter, so kommt man schließlich an die Grenze der mechanischen Ausführbarkeit. Von dort an ist nicht einmal die einfache Proportionalität mit den übrigen Abmessungen mehr durchzuführen. Die Typenreihe artet aus und die Gesetze der wachsenden Maschine werden durchbrochen.

Bei Transformatoren und Induktionsmotoren sucht man natürlich den Luftspalt möglichst klein zu halten, weil man ihn für die Aufrechterhaltung des magnetischen Gleichgewichtes nicht braucht. Eben deshalb wird aber der Magnetisierungsstrom unbedeutend und er ist nicht imstande, die Gesetze der wachsenden Maschine umzuwerfen.

Wir sehen, daß wir mit Recht den Magnetisierungsstrom bei der Behandlung unseres ersten Problems ausgeschaltet haben. Er hätte den einfachen Aufbau der Theorie mehr gestört, als die gleichzeitig erreichte Genauigkeit wert gewesen wäre. Der Ingenieur muß immer in seinen Problemen zuerst die Einfachheit, dann erst die Genauigkeit suchen. Fast immer verfehlt nämlich die zaghaft geführte Rechnung das Ziel, weil sie schließlich doch irgendwo abgedrängt wird, wenn sie zu krampfhaft alles mitzunehmen versucht. Das einfache Resultat gibt dagegen vor allem die Übersicht, das Wertvollste, was der schaffende Ingenieur von der Theorie verlangen kann.

Natürlich hat auch die großzügig arbeitende Theorie immer die Pflicht, auf die Vernachlässigungen hinzuweisen, die sie sich zuschulden hat kommen lassen. Dieser Pflicht sind wir hier nachgekommen, indem wir den Luftspalt freigegeben haben.

7. Die Schwierigkeiten des Kleinmaschinenbaues. Die beiden Gesetze, die das Anwachsen des prozentuellen Leerlaufstromes und des prozentuellen Spannungsabfalles mit der Größe der Maschine festlegen, werfen ein helles Licht auf die Schwierigkeiten des Kleinmaschinenbaues.

Die ganz kleine Maschine ist nicht weniger interessant als die ganz große. Sie hat ebenso ihre Probleme und ihre Eigenheiten wie jene, sie muß in einer Hinsicht sogar ein merkwürdigeres Bild bieten, ihr Leistungsgebiet ist ja begrenzt, während der Großmaschinenbau ins Unbegrenzte hineinwächst und seine Bemühungen an keinem unüberwindlichen Hindernis zerschellen lassen muß.

Es ist natürlich, daß man bei jeder elektrischen Maschine sowohl den Magnetisierungsstrom als auch den Ohmschen Spannungsabfall innerhalb gewisser Grenzen sehen will. Das gelingt auch bei halbwegs größerer Leistung. Aber nach unten zu, im Gebiet der immer kleiner werdenden Leistung, wird sowohl der Magnetisierungsstrom als auch der Spannungsabfall prozentuell unbarmherzig immer größer, auch wenn die Typenreihe nicht ausartet, auch wenn der Luftspalt nicht mechanisch unausführbar klein werden würde.

Wenn ein 100pferdiger Drehstrommotor 25% Leerlaufstrom und 1,8% Spannungsabfall hat, so bekommt der einpferdige fast 80% und 5,7%. Der $^1/_{10}$pferdige muß erschreckende Eigenschaften zeigen — die Typenreihe kann nicht mehr fortgesetzt werden.

Das Schlimmste im Kleinmaschinenbau ist das gleichzeitige Auftreten zweier Schwierigkeiten. Der Leerlaufstrom allein wäre irgendwie zu halten und der Spannungsabfall für sich ließe sich ertragen. Aber gemeinsam treiben sie den Konstrukteur zur Verzweiflung, weil sie abwechselnd einander zu Hilfe kommen, wenn einer der beiden unterdrückt werden soll. Denken wir uns eine kleine Maschine, die bei der in Aussicht genommenen Leistung unbrauchbar ist, weil ihr Leerlaufstrom und ihr Spannungsabfall unerträglich groß sind. Wie kann sie brauchbar gemacht werden? Durch Verkleinerung der Leistung? Sehen wir nach.

Ermäßigen wir den Vollaststrom, so wird der Spannungsabfall selbstverständlich kleiner. Er fällt proportional mit dem Strom und kann leicht auf die zulässige Höhe gebracht werden. Aber das Mittel wirkt nicht. Der Leerlaufstrom hat seine absolute Größe beibehalten, relativ, auf den Vollaststrom bezogen, wird er natürlich größer, wenn dieser sinkt. Die Maschine ist unbrauchbarer als vorher, die Maßregel versagt vollständig.

Nicht anders geht es, wenn das Feld geschwächt wird, damit der Leerlaufstrom heruntergedrückt werden kann. Natürlich kann er zulässig klein gemacht werden. Aber das ist kein Gewinn. Die Spannung der Maschine ist ebenfalls kleiner geworden, der prozentuelle Spannungsabfall durchbricht alle Grenzen — auch diese Maßregel versagt.

Es ist klar, daß man nichts erreicht, wenn man gleichzeitig den Vollaststrom heruntersetzt und die Spannung ermäßigt. Macht man es gleichmäßig, so sinkt nur die Leistung, der prozentuelle Leerlaufstrom und der prozentuelle Ohmsche Spannungsabfall behalten ihre Größen.

Die Überlegung zeigt ganz deutlich, daß es kleine Maschinen gibt, die für gar keine Leistung verwendbar sind. Sie können auch nicht 1 Watt leisten. Sie stehen außerhalb des Elektromaschinenbaues.

Man darf nun allerdings nicht die falsche Folgerung ziehen, daß es kleine Leistungen gibt, für die eine Maschine überhaupt nicht gebaut werden kann. Jede Leistung läßt sich unterbringen. Wichtig sind dabei die Grenzwerte, die man dem Leerlaufstrom und dem Spannungsabfall vorschreibt. Hat man sie einmal unerbittlich festgelegt, dann kommt man zu einer gewissen kleinsten Konstruktion, die für alle Leistungen verwendet werden muß, die unterhalb ihrer eigenen Normalleistung liegen. Daß man deshalb mit dieser Normalleistung die Leistungsskala nach unten abschließt, ist leicht verständlich. Die Leistung Null ist im Elektromaschinenbau praktisch unerreichbar.

8. Die Erwärmungsfrage im Problem der wachsenden Maschine. Überwindet man einmal die Schwierigkeiten der ganz kleinen Maschine, so hat man einen leichten Aufstieg in der Leistungsskala vor sich. Der Leerlaufstrom wird kleiner und kleiner, der Spannungsabfall schwindet dahin. Das Gebiet der kleinen Leistungen von etwa 3 kW bis vielleicht 50 kW ist das angenehmste für den Konstrukteur, der die Schwierigkeiten nicht liebt.

Es ist ein großes Glück gewesen, daß man seinerzeit nicht mit $^1/_{10}$ PS, sondern mit 2 oder 3 PS angefangen hat. Bei den ersten Schritten auf dem neuen Boden hatte der erste Konstrukteur elektrischer Maschinen Luft zum Atmen und Aussichten auf Fortschritte. Erst später, wie er schon fester stand, fand er den Abgrund des Kleinmaschinenbaues.

Der Weg von 1 kW bis 10 kW ist leicht. Aber kaum lassen die Schwierigkeiten der ganz kleinen Leistung nach, tauchen langsam andere auf. Das Hauptproblem des Elektromaschinenbaues, die Erwärmungsfrage, läßt nicht lange auf sich warten, es wächst sich aus, es verdrängt allmählich jede andere Rücksicht und erst bei ganz großen Leistungen muß es den ersten Platz räumen.

Natürlich findet man im Problem der wachsenden Maschine auch die Erwärmungsfrage. Sie folgt Wachstumsgesetzen, die leicht abgeleitet werden können. Wir wollen sie hier aufstellen.

Der Wärmestrom muß vor allem aus dem arbeitenden Material bis zur Oberfläche gelangen, damit er dort in die kühlende Luft eintreten und auf Fremdkörper übergehen kann. Als Leitungsstrom folgt er im Maschineninnern natürlich dem Ohmschen Gesetz. Das von ihm verbrauchte treibende Gefälle ist deshalb seiner Dichte und der Länge seines Weges proportional.

Die abzuführende Wärmemenge ist der dritten Potenz der linearen Abmessungen proportional. Die dem Wärmestrom zur Verfügung stehenden Querschnitte wachsen nur mit der zweiten Potenz der Abmessungen. Die Wärmestromdichte muß aus diesem Grunde in einer Typenreihe ebenso zunehmen wie die Länge der Maschine oder wie ihr Durchmesser.

Ganz ebenso steht es natürlich mit der Länge des Wärmestromweges. Das im Eisenkörper und in der Wicklung verbrauchte Temperaturgefälle muß in einer Typenreihe mit der Quadratwurzel aus der Leistung größer werden. Darf es aber diesem Gesetz folgen?

Das ganze Temperaturgefälle, das dem Wärmestrom zur Verfügung steht, ist bei der kleinen Maschine ebenso groß wie bei der großen. Hier wie dort darf es dem Isolationsmaterial, vor allem der Umspinnung der Drähte nicht gefährlich werden. Das innere Temperaturgefälle darf demnach nur wachsen, wenn das äußere, das den Übertritt der Wärme von der heißen Oberfläche auf die Fremdkörper betreibt, kleiner wird. Wir müssen deshalb nachsehen, welchem Wachstumsgesetz das äußere Temperaturgefälle folgt.

Es ist annähernd der Wärmestromdichte an der Oberfläche der Spulen und des Eisenkernes proportional. Es müßte daher ebenso wachsen wie die Abmessungen der Maschine, wenn nicht die Bewegung der Maschinenteile mildernd eingreifen würde. Aber viel kann sie nicht ausrichten. Der Grundton der wachsenden Wärmestromdichte setzt sich durch.

So reichlich die Wärmewirtschaft der ganz kleinen Maschine auch sein mag, die Wärmenot muß sich doch sehr bald einstellen, wenn das innere Temperaturgefälle mit der Quadratwurzel, das äußere mit der vierten Wurzel aus der Leistung zunimmt. Die Erwärmungsfrage muß drückend sein, wenn sie einem so scharfen Wachstumsgesetz folgt. Alles wird verständlich, die große Macht des Erwärmungsproblems, das schnelle Versagen einer jeden Kühleinrichtung, das ewige Grübeln des Konstrukteurs, sein beschwerliches Vordringen zu immer größeren Leistungen.

Aber das rasche Zunehmen des Temperaturgefälles zeigt noch mehr. Es führt uns auf den Gedanken, daß eine Typenreihe dieses strenge Gesetz gar nicht verträgt. Zum zweiten Male droht die Reihe geometrisch ähnlicher Maschinen als Typenreihe zusammenzustürzen.

9. Die Spannungsfrage im Problem der wachsenden Maschine. Die Typenreihe. Wenn ernste Zweifel auftauchen, dann drängen sich plötzlich alle Bedenken vor, die vorgebracht werden können. Wenn der Konstrukteur das einfache Bild geometrisch ähnlicher Maschinen wanken sieht, dann muß er nicht nur an die Erwärmungsfrage denken, die ihm Sorgen macht, neben ihr erblickt er auf einmal noch eine zweite Gefahr, die Spannungsfrage.

Auch sie will sich in der Tat dem einfachen Vergrößerungsprinzip nicht unterwerfen. Leicht läßt sich dies nachweisen. Die Spannung einer Windung wächst wie der Kraftfluß, also mit dem Quadrat der linearen Abmessungen. Ganz ebenso wird die Maschinenspannung größer, weil die Windungszahl doch bleibt. Aber die Stärke der Spulenisolation wird nicht mit dem Quadrat der Abmessungen größer, sondern mit der ersten Potenz. Die Abstände der Spulenköpfe vom Eisen wachsen nicht so wie die Spannung. Die große Maschine unterliegt der Spannungsgefahr.

Ungern muß man zugeben, daß auch die Spannungsfrage die Reihe geometrisch ähnlicher Maschinen nicht anerkennt. Man muß sie fallen lassen, wenn zwei solche Lebensfragen, wie es die Erwärmungs- und die Spannungsfrage sind, den Weg versperren. Aber man muß das geometrische Vergrößerungsprinzip vielleicht nicht ganz fallen lassen. Vielleicht gibt es auch hier einen Ausweg, so wie es beim Magnetisierungsstrom einen gegeben hat.

Für die Schwierigkeiten der Spannungsfrage gibt es in der Tat eine Aushilfe. Man braucht nur die Windungszahl einem Wachstumsgesetz in der Typenreihe zu unterwerfen, das dem Wachstumsgesetz der elektrischen Festigkeit der Maschine entspricht, und der Weg ist frei.

Die geometrische Gestalt der Wicklung ist von der Windungszahl theoretisch unabhängig, solange bei gleichbleibender Stromdichte die Durchflutung unverändert bleibt. Das geometrische Vergrößerungsprinzip muß also einfach bei der äußeren Form der Wicklung haltmachen. Es darf sich nicht um die Kleinigkeiten kümmern. Es darf nicht verlangen, daß auch für jeden einzelnen Draht die geometrische Ähnlichkeit vorhanden ist.

Gegen diese Forderung ist nichts einzuwenden. Der Konstrukteur soll den Wicklungsquerschnitt zerlegen, wie er will. Er soll die Spulenzahl wählen, wie es ihm am besten paßt. Er darf nicht in der Wahl des Drahtprofiles behindert sein, damit er auch anderen Rücksichten gerecht werden kann, als den wirtschaftlichen.

Ja die Forderung nach großzügiger Auffassung des Vergrößerungsprinzipes elektrischer Maschinen muß auch aus Rücksicht auf die Erwärmungsfrage unbedingt erfüllt werden. Nur auf diese Art kann das Temperaturgefälle der arbeitenden Maschine auf der zulässigen Höhe gehalten werden. Nur so kann die Reihe geometrisch ähnlicher Maschinen als natürliche Typenreihe fortgesetzt werden.

Wenn nur die Hauptabmessungen des Wicklungskörpers mit der Leistung gleichmäßig größer werden, wenn z. B. beim Drehstrommotor nur der Läuferdurchmesser und die Nutentiefe von vornherein festgelegt werden oder wenn beim Transformator nur das Rechteck des Fensterquerschnittes das vorgeschriebene Seitenverhältnis beibehalten muß, dann bleibt es beim einfachen Vergrößerungsprinzip. Die Spannungsfrage ist, wie wir gesehen haben, eine Frage der Unterteilung der Wicklung in Windungen und die Erwärmungsfrage kann in eine Frage der Unterteilung der Wicklung in Spulen umgewandelt werden.

In der Tat kann eine weitgehende Zerlegung der Wicklung die Gefahren der Arbeitswärme bemeistern. Je mehr Spulen, um so mehr Oberfläche, um so kleiner die Wärmestromdichte, um so kürzer der Weg des Wärmestromes im Innern der Wicklung. Auch beim Eisenkörper trifft man auf dasselbe Bild.

Daß die Vergrößerung der Spulenzahl die Ausnützung des Wickelraumes verschlechtert, ist richtig. Aber die aus Rücksicht auf die Spannungsfrage notwendige Verkleinerung der Windungszahl bringt gleichzeitig große Leiterquerschnitte und verbessert dadurch wiederum das Anfüllen des Wickelraumes, weil sie den Raumbedarf der Drahtisolation einschränkt.

Das Ergebnis der vorliegenden Betrachtung kann kurz zu folgenden zwei Gesetzen der wachsenden Maschine zusammengefaßt werden:

> In einer Typenreihe nehmen nur die Hauptabmessungen der Maschine gleichmäßig zu. Der Luftspalt, die Nutenbreite und die Spulenzahl sind frei.

und

> Die Spannung darf in der Typenreihe nur mit der vierten Wurzel aus der Leistung wachsen, deshalb muß die Windungszahl im umgekehrten Verhältnis kleiner werden.

Die notwendige Folge des zweiten Gesetzes ist das folgende dritte:

> Die Stromstärke nimmt in einer Typenreihe mit der $^3/_4$ten Potenz der Leistung zu.

10. Die Typenreihe in der Praxis. Das Problem der wachsenden Maschine und die Formenlehre des Elektromaschinenbaues. Die lebensfähige Typenreihe liegt nun vor uns mit allen ihren notwendigen Eigenschaften, mit allen Einschränkungen, die sie dem geometrischen Aufbauprinzip auferlegen muß. Wir müssen das fertige Gesamtbild mit den Ergebnissen der Erfahrung vergleichen, um zu sehen, ob wir es richtig entworfen haben, um zu wissen, ob wir einen verläßlichen Unterbau für die Formenlehre des Elektromaschinenbaues gewonnen haben.

Gibt es geometrisch ähnliche Maschinen in den Typenreihen der Praxis? Gewiß. Das Aufbauprinzip hat sich praktisch bewährt. Aber nur mit den Einschränkungen des vorigen Abschnittes. Man läßt die Spulenzahl immer mit der Leistung größer werden, man nimmt den Luftspalt und die Nutenbreite vom Vergrößerungsgesetz aus.

Man läßt auch die Spannung niemals mit der Wurzel aus der Leistung größer werden. Kleine Transformatoren für 10 kVA können für 10 000 Volt leicht gebaut werden. Aber Großtransformatoren für 20 000 kVA und 450 000 Volt gibt es nicht. Der Leistung von 20 000 kVA entspricht eine ganz andere konstruktiv passende Spannung, wenn 10 000 Volt der Leistung von 10 kVA entspricht. Der einfache Ansatz:

$$10\,000 \times \sqrt[4]{\frac{20\,000}{10}} = 67\,500 \text{ Volt,}$$

der unserem Wachstumsgesetz folgt, kommt der Erfahrung ausgezeichnet entgegen.

Auch mit der Erwärmungsfrage wird der moderne Elektromaschinenbau auf dem im vorigen Abschnitt bezeichneten Wege fertig. Die kühlende Oberfläche muß immer mehr ausgebaut werden, je größer die Maschine ist. Die Luft dringt immer tiefer in den arbeitenden Körper, je größer er wird. So gelingt es, die Verbrennungsgefahr zu beseitigen und die Typenreihe zu retten.

Dies würde indessen nicht so leicht gelingen, wenn nicht zwei Umstände helfend eingreifen würden. Bei kleineren Leistungen kommt nämlich die Verkleinerung der Windungszahl der Kühlung dadurch voll zugute, daß sie den Drahtquerschnitt rasch vergrößert und dadurch die Wärmeleitfähigkeit der Wicklung erhöht. So kommt es, daß das innen verbrauchte Temperaturgefälle von kleinen Leistungen an zuweilen sogar abnimmt und die Außenkühlung unterstützt.

Erreicht allerdings die Maschine einmal eine solche Größe, daß sie den einzelnen Leiterquerschnitt nicht mehr mitwachsen lassen kann und deshalb zu Parallelschaltungen innerhalb der Wicklung greifen muß, dann bleibt nur noch der zweite günstige Umstand: das Wachsen der Umfangsgeschwindigkeit des Maschinenläufers.

Sie ist für die Wärmemitnahme durch bewegte Luft bestimmend, denn die Wirksamkeit der gekühlten Oberflächeneinheit nimmt theoretisch proportional mit der Quadratwurzel aus der Geschwindigkeit des kühlenden Luftstromes zu. Da die Umfangsgeschwindigkeit bei festgelegter Umdrehungszahl ebenso wächst wie der Läuferdurchmesser, ergibt sich auf diese Art eine Verbesserung der Wärmemitnahme mit der achten Wurzel aus der Leistung.

Die Schwierigkeiten der Erwärmungsfrage schimmern auch durch die neue, freundlicher gefärbte Decke immer noch durch, sie sind augenscheinlich nicht stark genug, die Typenreihe zu sprengen, während sie andererseits doch nicht eine unbegrenzte Leistungsskala unter eine Bauart bringen lassen. Jede Typenreihe ist begrenzt.

Ihre Kühleinrichtung setzt ihr die Grenzen. Oben wird sie zu einfach, fast möchte man sagen, zu billig, wenn sie in Wirklichkeit nicht zu teuer würde, unten ist sie nicht mehr am Platze, weil die Wärme mit einfacheren Mitteln weggebracht werden kann. Ein Turbogenerator kann ohne den künstlichen Luftstrom nicht auskommen, ein kleiner Motor kann einen besonderen Lüftungsflügel nicht bezahlen.

Dies alles zeigt uns der Blick, den wir über die lange Leistungsskala werfen. Er bestätigt alles, was die Theorie beim Studium des Problems der wachsenden Maschine entdeckt hat. Er läßt erkennen, daß große Leistungsänderungen noch gesetzmäßig verlaufen, daß große konstruktive Umbildungen theoretisch einwandfrei behandelt werden können.

In Wirklichkeit werden wir die große Sicherheit, die uns die Lösung des Problems der wachsenden Maschine bietet, gar nicht brauchen. Wenn man, von einer gegebenen Konstruktion ausgehend, alle möglichen Umformungen vornimmt, so kommt man vielleicht zuweilen auf die doppelte Leistung, man kann bei einem kühnen Griff einmal die dreifache Leistung erreichen und muß dann den Rückweg zur einfachen suchen, aber größere Abweichungen können nicht vorkommen. Die Typenreihengesetze gelten auch noch für die zehnfache, auch noch für die zwanzigfache Leistung.

Die überflüssige Sicherheit wird zur Genauigkeit, sobald sie nicht in ihrer eigentlichen Form zur Geltung kommen kann. Die Genauigkeit ist aber gar nicht unerwünscht, wenn es sich nur um schwach ausgeprägte bevorzugte Fälle handelt. Die Rechnung bekommt so einen wirklichen Sinn und ihre Ergebnisse eine wirkliche, praktische Bedeutung.

Wenn nach all dem das Problem der wachsenden Maschine eine Vorfrage der eigentlichen Formenlehre des Elektromaschinenbaues ist, ist es deshalb nicht weniger ein selbständiges wichtiges Problem. Es ist mit unserer Formenlehre mehrfach in inniger Berührung. Zeigt es uns doch, wie sich die Form, die Gestalt der Maschine ändert, wenn Kilowatt auf Kilowatt gehäuft wird, wenn die Leistung steigt. Es ist gleichsam das Gegenproblem zu dem, das unser Hauptproblem werden soll. Es hält ja die Form fest und ändert die Leistung, während der Konstrukteur die Leistung beibehalten will, wenn er die Form untersucht.

II. Das Prinzip des Ebenmaßes.

11. Der Transformator als Ideal der elektrischen Maschine. Die eigentliche elektrische Maschine besteht aus dem arbeitenden Eisen und Kupfer. Die Arbeitswärme unterscheidet den wirksamen Teil vom unwirksamen. Sie zwingt den Konstrukteur, edle und teuere Baustoffe zu verwenden, sie kennzeichnet den Kern der Maschine, den Teil, der den Ingenieur konstruktiv und wirtschaftlich in erster Linie interessiert.

Die Formenlehre des Elektromaschinenbaues kann sich nur mit dem arbeitenden Teil der Maschine beschäftigen, wenn sie nicht ganz unübersichtlich werden will. Sie muß das Gehäuse, die Welle, die Lager, die Klemmen unberücksichtigt lassen. Sie muß das lösbare Problem behandeln und darf nicht durch Mitnahme unlösbarer Nebenfragen alles verderben.

Die Einschränkung des Gebietes der Formenlehre ist gut begründet. Das arbeitende Material ist konstruktiv und wirtschaftlich ausschlaggebend, es zieht das tote Material immer nach sich und behält es unter seinem Einfluß. Man kann leicht den Gesamtpreis der Maschine übersehen, wenn man weiß, was ihr arbeitender Teil kostet, man kann leicht entscheiden, ob eine konstruktive Maßregel günstig ist, wenn man festgestellt hat, wie sie den wirksamen Teil beeinflußt. Man begnügt sich deshalb mit Recht mit der Formenlehre, die den Eisenkern und die Wicklung überwacht.

Es ist allerdings richtig, daß die verschiedenen Maschinen verschieden aufgebaut sind und verschiedene Kombinationen von lebendigem und totem Stoff haben. Bei der Gleichstrommaschine lebt eigentlich nur der sich drehende Anker. Bei der Synchronmaschine ist der ganze Läufer eigentlich tot. Die Erregerwicklungen zählen nämlich nicht ganz zum wirksamen Teil der Maschine.

Die eigentümliche Rolle, die durchwegs im Elektromaschinenbau dem Magnetisierungsstrom zukommt, wird uns öfters beschäftigen. Ein wirklicher Arbeitsstrom ist der Magnetisierungsstrom nicht, obwohl er die Arbeit erst ermöglicht. An zweiter Stelle erst kann er berücksichtigt werden. Ein Beispiel gibt uns das bereits erledigte Problem der wachsenden Maschine, das ebenfalls dem Leerlaufstrom ausgewichen ist.

Was bleibt aber von der Maschine übrig, wenn man die Welle und die Lager nicht sehen will, wenn man die Erregerwicklung nicht anerkennen will, wenn man das Gehäuse vernachlässigt? Genügt der Rest überhaupt noch als Gegenstand der Formenlehre? Geht man mit den vielen Vernachlässigungen und Vereinfachungen nicht zu weit?

Fast wäre man mit der Antwort in Verlegenheit. Aber der Transformator ist doch auch eine wichtige elektrische Maschine, obwohl er weder Welle noch Lager, weder eine Erregerwicklung noch ein beachtenswertes Gehäuse besitzt. Er ist als Ausgangspunkt für die Formenlehre infolge seines einfachen Aufbaues wie geschaffen, er rechtfertigt ohne weiteres die Vernachlässigungen, die wir vornehmen wollen.

Es ist eigentümlich, daß die wichtigsten Theorien des Elektromaschinenbaues alle vom Transformator ausgehen. Er zeigt alle Erscheinungen, die bei den anderen Maschinen im Gewirre der Nebenerscheinungen verschwinden, in ganz klarem Lichte. Mit Recht sieht man immer gern nach, was der Transformator sagt, wenn man den Drehstrommotor oder die Synchronmaschine nicht versteht.

Auch der Formenlehre geht es so. Ihr Hauptgesetz, das Prinzip des Ebenmaßes, kann sie beim Transformator kristallklar nachweisen. Unbeirrt durch die Nebenteile der elektrischen Maschine kann sie hier leicht zeigen, was unternommen werden muß, damit das arbeitende Material möglichst wenig kostet. Sie sichert sich beim ruhenden Transformator ihre Gesetze und läßt sich dann nicht mehr beirren, wenn die drehende Bewegung dazukommt, wenn ein umständliches Gehäuse den eigentlichen arbeitenden Kern verdeckt. So wird die Formenlehre des Transformators zum Kern der Formenlehre der elektrischen Maschine. Mit ihr müssen wir deshalb anfangen.

12. Der bezogene Preis und die bezogenen Verluste. Welche Form muß man dem Eisenkörper und dem Wicklungskörper des Transformators geben, damit seine Herstellungskosten möglichst gering werden? Das ist die erste Frage, mit der sich nach den Darlegungen des vorangehenden Abschnittes die eigentliche Formenlehre zu beschäftigen hat. Aber sie kann nicht in Angriff genommen werden, bevor nicht einige Vorfragen erledigt sind.

Was legt denn eigentlich den Transformator fest, dessen Herstellungskosten uns so wichtig sind? Was ist das Bleibende im wechselnden Spiel, was muß immer beibehalten werden, wenn die Gestalt fließt, damit das Problem der Formenlehre einen Sinn bekommt?

Zunächst zweifellos die Leistung des Transformators. Sie bestimmt ja seine Größe und seinen Wert. Sie darf nicht freigegeben werden, das ist ganz klar. Die Gesetze der wachsenden Maschine begründen diese erste Forderung einwandfrei. Sie zeigen, daß es nicht genügt, den auf die Leistung bezogenen Preis möglichst klein zu machen, wenn die günstigste Konstruktion gesucht wird. Dieser bezogene Preis wird ja von selbst kleiner, wenn die Konstruktion größer wird. Bei unveränderter Leistung muß der Preis sein Minimum erreichen.

Allerdings geben gerade die Gesetze der wachsenden Maschine einen Weg an, der beschritten werden kann, wenn die Leistung doch freigegeben werden soll. Sie geben nämlich an, daß in einer Typenreihe der auf die $^3/_4$te Potenz der Leistung bezogene Preis unverändert bleibt. Da nun außerdem die Typenreihe die Gestalt der Maschine festhält, kann in der Tat auch der kleinste, auf die $^3/_4$te Potenz der Leistung bezogene Preis das Ziel der Formenlehre sein. Wir nennen von nun an diesen Preis kurz den „bezogenen Preis".

Mit dem Festlegen der Leistung in dieser oder in der anderen Form ist aber der Transformator, dem die Mühe gilt, keineswegs schon genügend gekennzeichnet. Dies ist nicht schwer einzusehen. Gesetzt den Fall, man hätte die günstigste Form für die Konstruktion bereits gefunden, so hat man den kleinsten bezogenen Preis noch lange nicht, wenn man die elektromagnetischen Beanspruchungen frei hat. Sie beeinflussen weder die Form der Konstruktion noch den Preis. Aber sie können den bezogenen Preis bzw. die Leistung beeinflussen und nehmen, freigegeben, dem Problem der Geometrie des Elektromaschinenbaues jeden Sinn.

Allerdings kann man einer Konstruktion nicht beliebige elektromagnetische Beanspruchungen zumuten. Die Erwärmungsfrage sorgt dafür, daß Grenzen gezogen werden. Sie führt uns auch auf den richtigen Weg zu ausreichender Kennzeichnung des Transformators.

Die Verluste müssen neben der Leistung festgelegt sein, damit Zweideutigkeiten ausgeschlossen sind. Dabei ist es nicht notwendig, die Verluste im Eisen und im Kupfer einzeln vorzuschreiben. Die Angabe der Gesamtverluste genügt. Sowohl für die Erwärmungsfrage als auch für die Frage der Wirtschaftlichkeit ist die Gesamtziffer fast immer ausschlaggebend.

Die Gesetze der wachsenden Maschine machen uns wiederum darauf aufmerksam, daß es nicht genügt, die prozentuellen Verluste festzuhalten. Sie zeigen, daß mit steigender Leistung die auf sie bezogenen Verluste von selbst zurückgehen. Auf die $^3/_4$te Potenz der Leistung muß man sie beziehen, wenn man einen wirklichen Zielwert bekommen will. Wir wollen in der Folge die auf die $^3/_4$te Potenz der Leistung bezogenen Verluste kurz „bezogene Verluste" nennen.

Wir haben nach all dem jene Konstruktion zu suchen, deren bezogener Preis bei gegebenen bezogenen Verlusten möglichst klein ist. Wir können noch fragen, was unter dem Preis der Konstruktion verstanden werden soll. Einwandfrei kann eigentlich nur der Materialpreis, der Preis des aufgewendeten Eisens und des aufgewendeten Kupfers bestimmt werden. Man kann aber in die Gewichtseinheitspreise ganz gut auch Zuschläge für die Bearbeitungskosten und für das Isolationsmaterial aufnehmen. Ganz besonders beim Transformator. Jedenfalls werden wir den Preis immer als Summe des mit dem Eiseneinheitspreis multiplizierten Eisengewichtes und des mit dem Kupfereinheitspreis multiplizierten Kupfergewichtes geben.

13. Der Ansatz des wirtschaftlichen Problems. Die Elemente der Formentheorie sind nun bekannt. Da sind vor allem die Leistung der Maschine L (VA), der Preis P (Mark) und die Verluste V (W). Die ersten drei Größen bestimmen einerseits

$$p = \frac{P}{L^{\frac{3}{4}}} \quad \left(\frac{\mathrm{M}}{\mathrm{W}^{\frac{3}{4}}}\right),$$

den bezogenen Preis, andererseits

$$v = \frac{V}{L^{\frac{3}{4}}} \quad (\mathrm{W}^{\frac{1}{4}}),$$

die bezogenen Verluste.

Zur Berechnung des Preises brauchen wir, wie wir im vorangehenden Abschnitt gesehen haben, vier Größen: das Eisengewicht G_e (kg), das Kupfergewicht G_k (kg), den Eiseneinheitspreis p_e (M/kg) und den Kupfereinheitspreis p_k (M/kg).

Die Bestimmungsgleichung

$$P = G_e p_e + G_r p_k \quad (\mathrm{M}) \tag{1}$$

ist zugleich eine wichtige Grundgleichung der Formenlehre.

Die Einzelgewichte führen nicht nur zum Preis, sondern auch zu den Verlusten. Es ist bekannt, daß die Kupferstromwärme V_k (W) dem Kupfergewicht und dem Quadrat der Stromdichte i (A/mm²) proportional ist.

Mit der Verlustkonstanten k_k kann man demnach schreiben:

$$V_k = k_k G_k i^2 \quad (\mathrm{W}). \tag{2}$$

Mit großer Genauigkeit kann man auch die Verluste im Eisen dem Eisengewicht und dem Quadrat der Liniendichte B (Kraftlinien/cm²) proportional setzen. So bekommt man mit der Verlustkonstanten k_e die dritte Gleichung:

$$V_e = k_e G_e B^2 \quad (\mathrm{W}). \tag{3}$$

Natürlich ist beim Transformator:

$$V = V_e + V_k \quad (\mathrm{W});$$

die zweite Grundgleichung der Formenlehre muß deshalb lauten:

$$V = k_e G_e B^2 + k_k G_k i^2 \quad (\mathrm{W}). \tag{4}$$

Man kann den Eindruck nicht los werden, daß die beiden Grundgleichungen sehr wenig Ausbeute versprechen, weil sie ganz einfache, längst bekannte und selbstverständliche Tatsachen ausdrücken. Was soll ihnen weiter noch entnommen werden als das Verfahren, nach dem man den Preis und die Verluste berechnet?

In der Tat ist das Leistungsvermögen der beiden Gleichungen (1) und (4) damit erschöpft, solange man sie nicht anders befragt. Sie antworten aber nicht allein ganz klar, wenn man frägt, wie groß der Preis ist, wenn die Einzelgewichte und die Einheitspreise gegeben sind und wie groß die Verluste werden, wenn die Gewichte der arbeitenden Stoffe und die elektromagnetischen Beanspruchungen festliegen. Sie antworten auch, wenn man ihnen die Gesamtverluste vorschreibt und dafür die elektromagnetischen Beanspruchungen und die Einzelgewichte freigibt. Das ist aber dasjenige, das wir zu fragen haben. Die Verluste sind uns gegeben, die Form der Konstruktion und damit die Gewichte können wir wählen. Die elektromagnetischen Beanspruchungen müssen dabei so mitgewählt werden, daß die Leistung bleibt und die Verluste sich nicht ändern.

Mit alten Fragen müssen wir anfangen. Alt ist auch die Antwort, die wir darauf bekommen werden. Schon die ersten Transformatorenkonstrukteure haben gewußt, wie man bei gegebenen Verlusten und gegebener Leistung die Einzelgewichte wählen muß, wie sich die Teilverluste zueinander bei günstigster Anordnung verhalten, wie das Eisen und das Kupfer ihre Beiträge zum Preis liefern sollen.

Wir müssen mit diesen alten Errungenschaften der Theorie des Transformators anfangen, weil letzten Endes die ganze Formenlehre darauf beruht. Wir werden später sehen, wie diese längst bekannten Gesetze auch auf den übrigen Elektromaschinenbau übertragen werden können. Wir werden aber schon hier sehen, daß die alten Überlegungen ausgebaut werden können, daß sie nur den Anfang bilden, daß hinter ihnen mehr steckt, als man im ersten Augenblick bemerkt.

14. Die beste Verlustaufteilung des Transformators. Ein Transformator liegt vor uns. Das Leistungsschild ist verloren gegangen, nichts deutet die Größe der Normalleistung an. Der Kühlapparat läßt natürlich nur eine begrenzte Arbeitswärme zu, er schreibt aber die Verlustaufteilung nicht vor. Wie belastet man die Konstruktion am zweckmäßigsten?

Natürlich so, daß der bezogene Preis und die bezogenen Verluste möglichst klein werden. Es heißt also, da sowohl der Preis als auch die Verluste bereits bekannt sind, die Leistung möglichst groß zu machen. Die elektromagnetischen Beanspruchungen müssen so gewählt werden, daß ihr Produkt den höchsten möglichen Wert bekommt.

Der Gleichung

$$V = k_e G_e B^2 + k_k G_k i^2$$

müssen natürlich i und B Genüge leisten, wenn sie dem Höchstwert von

$$i \cdot B$$

zustreben. Ein einfaches mathematisches Problem entsteht auf diese Art und leicht ist die Lösung zu finden. Sie lautet:

$$k_e G_e B^2 = k_k G_k i^2 \tag{5}$$

das heißt:

Eine gegebene Konstruktion ist dann am besten ausgenützt, wenn die Eisenwärme und die Kupferwärme je die Hälfte der vorgeschriebenen Gesamtverluste ausmachen.

Dieses alte Gesetz kann auch noch anders ausgedrückt werden. Wenn ein Transformator mit verschiedenen Belastungen arbeitet, so arbeitet er auch mit verschiedenen Wirkungsgraden. Den höchsten erreicht er offenbar dann, wenn die Verluste im Kupfer ebenso groß sind wie die Verluste im Eisen. Nur in diesem Belastungsfalle kann seine Leistung bei ungeänderten Gesamtverlusten nicht mehr vergrößert werden.

Man kann sagen:

Der Transformator arbeitet mit dem höchsten Wirkungsgrade, wenn die Kupferwärme des Belastungsfalles der Eisenwärme des Leerlaufes gleich wird.

Für unsere Formenlehre ist eine andere Fassung viel wichtiger. Für sie handelt es sich nicht um gegebene Konstruktionen und veränderliche Leistungen. Sie muß alle möglichen Konstruktionen ins Auge fassen. Sie muß aus diesem Grunde das oben abgeleitete Gesetz in folgende Form bringen:

Der Transformator wird bei gegebener Leistung und bei gegebenen Verlusten dann am billigsten, wenn die Verluste gleichmäßig auf das Eisen und auf das Kupfer aufgeteilt werden.

Das ist das Verlustaufteilungsgesetz des Transformators. Es ist als solches gut bekannt und hat sich in der Praxis bewährt. Der ganze ältere Transformatorenbau und zum Teil auch der moderne Transformatorenbau hat es anerkannt und seinen Konstruktionen zugrunde gelegt.

Nur schwer und unter zwingendem Druck mußte bei großen modernen Transformatoren die gleichmäßige Verlustaufteilung geopfert werden. Die Beweggründe werden wir später noch kennen lernen.

Es unterliegt keinem Zweifel, daß es eine unbegrenzte Möglichkeit von Kombinationen der Teilgewichte gibt, die alle bei gegebener Leistung und gegebenen Verlusten gleiche Verluste im Eisen und im

Kupfer zulassen, obwohl es auf der anderen Seite ganz klar ist, daß nicht jede Verbindung eines Eisen- und eines Kupfergewichtes möglich ist. Die Bedingungsgleichung (5), die wir auch in die Form:

$$\frac{B^2}{i^2} = \frac{k_k G_k}{k_e G_e} \tag{6}$$

bringen können, kennzeichnet die möglichen Kombinationen. Mit einer Konstanten K kann man statt der einen Forderung auch zwei aufstellen, nämlich:

$$B^2 = K\, k_k G_k$$

$$\text{und} \quad i^2 = K\, k_e G_e\,.$$

Verbindet man sie mit der Grundgleichung (4), so bekommt man:

$$G_e G_k = \frac{V}{2K\, k_e\, k_k} \tag{7}$$

und kann nun in anschaulicher Form zeigen, was alle Entwürfe mit gleichmäßiger Verlustaufteilung kennzeichnet: das bleibende Produkt des Eisen- und des Kupfergewichtes.

15. Die beste Kostenaufteilung des Transformators. Ein außerordentlich wichtiges Hilfsmittel gibt die Formenlehre dem Konstrukteur in die Hand, wenn sie aus der unendlichen Mannigfaltigkeit der Entwurfmöglichkeiten eine Gruppe herausgreift und an die erste Stelle schiebt. Wenn es einmal bekannt ist, daß das Produkt aus dem Eisengewichte und aus dem Kupfergewichte das Kennzeichnende der allein in Betracht kommenden Gruppe ist, so ist allerdings viel Arbeit erspart. Zu jedem Eisengewicht kommt nur ein Kupfergewicht in Frage, statt der unendlichen Menge, zu jedem Kupfergewicht ebenso nur ein Eisengewicht.

Aber die Wahl bleibt noch immer schwer und noch immer ist die Zahl der Möglichkeiten unendlich groß. Sie kann vom Konstrukteur nicht erschöpft werden, die Formenlehre muß noch weiter helfen. Wie sie aus der Unmenge die Reihe herausgegriffen hat, muß sie auf der Reihe den Punkt bezeichnen, sie muß ganze Arbeit leisten.

Sie kann es auch. Wenn bei gegebenen Einheitspreisen p_e und p_k der Ausdruck

$$P = G_e p_e + G_k p_k$$

möglichst klein werden soll, wobei das Produkt

$$G_e \cdot G_k$$

unabänderlich festgelegt ist, so haben wir wieder ein sehr einfaches mathematisches Problem vor uns. Seine Lösung lautet:

$$G_e p_e = G_k p_k\,, \tag{8}$$

das heißt:

Der günstigste Entwurf zeigt nicht nur gleiche Verluste im Eisen und im Kupfer, sondern auch gleiche Kosten der beiden Hauptbaustoffe.

Das Kostenaufteilungsgesetz ist im Transformatorenbau ebenfalls schon lange bekannt. Man entwarf seit jeher die Transformatoren so, daß der Eisenkern ebensoviel kostete wie die Wicklung. Man ging damit einen guten Weg. Geradeso wie beim Verlustaufteilungsgesetz mußten gewichtige Gründe auftauchen, bevor sich der Konstrukteur von der gleichmäßigen Zerlegung der Kosten abdrängen ließ. Wir werden diese Gründe später kennen lernen.

Für eine grobe Kritik der Konstruktionen reichen die beiden alten Grundgesetze der Formenlehre vollkommen aus. Auf den ersten Blick sieht man, ob ein tadelloser Aufbau vorliegt oder nicht. Für feinere Untersuchungen und für den Entwurf genügt allerdings die erste Regelung der Kosten und der Verluste nicht. Die Formenlehre muß tiefer eindringen.

Es muß schon hier ausdrücklich darauf aufmerksam gemacht werden, daß erhebliche Abweichungen von den günstigsten Verhältnissen erlaubt sind, weil die Nachteile, die sie bringen, nicht sehr ins Gewicht fallen. Der schleichende Verlauf der Extrema ist bekannt im Elektromaschinenbau.

Noch ein Umstand verdient hervorgehoben zu werden. Das Kostenaufteilungsgesetz ruht offenbar auf dem Gesetz der gleichmäßigen Verteilung der Verluste. Und doch steht es viel fester, als es den Anschein hat. Die gleichmäßige Verteilung der Gesamtverluste hat vor der ungleichmäßigen nichts voraus, was ihren Einfluß auf die Kostenaufteilung anbelangt.

Setzen wir z. B.

$$V_k = \xi\, V_e$$

für die Verlustzerlegung fest. Ganz genau so wie oben müssen wir bei gegebenen Gesamtverlusten

$$G_e\, G_k = \frac{V}{(1+\xi)\, K\, k_e\, k_k}$$

fordern, also das Produkt der Teilgewichte immer beibehalten. Den kleinsten Preis erhalten wir deshalb immer bei gleichmäßiger Kostenaufteilung.

Umgekehrt ist das Verlustaufteilungsgesetz von dem Kostengesetz ebenfalls ganz unabhängig. Dies zeigt deutlich die oben durchgeführte Rechnung. Der Transformator hängt mit großer Zähigkeit an den beiden Grundgesetzen. Das Prinzip des Ebenmaßes schimmert durch alle Überlegungen und Rechnungen bereits durch. Eine wunderbare innere Ordnung deutet sich bei der besten Konstruktion an. Wir müssen ihr weiter nachgehen, nachdem wir einmal berechtigt sind, ihr Vorhandensein zu vermuten.

16. Das Jochgesetz des Transformators. Wir nehmen uns wieder einen beliebigen Transformator, dessen Leistung und Verluste bekannt sind, und machen mit ihm einen Versuch. Die beiden Joche lassen wir unverändert, während wir die Säulen beliebig verlängern und verkürzen. Dabei verlängern oder verkürzen wir den Wicklungskörper ganz ebenso wie die eiserne Säule. Wir suchen den günstigsten Fall.

Es ist ganz klar, was bei der Änderung der Säulenlänge geschieht. Die Leistung bleibt ihr proportional, das Kupfergewicht ebenfalls. Auch die Verluste im Kupfer fallen oder steigen, so wie die Säulenlänge. Natürlich ändert sich das Gewicht der Säulen und deren Eisenwärme in demselben Verhältnis.

Fest gegeben sind die Kosten der Joche P_j. Ist die Säulenlänge proportional x, so kann man die Kosten der bewickelten Säulen mit $x\,P_s$ bezeichnen. So ergibt sich der Gesamtpreis:

$$P = P_j + x\,P_s\,.$$

Der bezogene Preis, der uns allein interessiert, ist dem Ausdruck

$$\frac{P_j + x\,P_s}{x^{\frac{3}{4}}}$$

proportional, wenn die Leistung x proportional ist. Er erreicht seinen kleinsten Wert, wenn

$$x\,P_s = 3\,P_j$$

wird. Das neue Gesetz lautet:

Bei der billigsten Konstruktion kosten die beiden Joche ein Viertel des Gesamtpreises.

Es ist in dieser Form auch für den erfahrenen Konstrukteur überraschend. Ganz natürlich klingt es aber, wenn es mit dem alten Kostenaufteilungsgesetz vereinigt wird. Wenn nämlich der Eisenkern ebensoviel kosten muß wie die Wicklung, beide zusammen aber die Joche dreimal überbieten sollen, so entsteht von selbst das im folgenden wichtigen Gesetz der Formenlehre festgelegte Kostenverhältnis:

Die beiden Joche sollen ebensoviel wiegen und kosten wie die Säulen.

Noch eine andere Form des Gesetzes ist:

Die Wicklung des Transformators soll doppelt soviel kosten wie die eisernen Säulen, auf denen sie sitzt.

Wir müssen die neuen Resultate noch gegen einen Einwurf verteidigen. Bei dem Versuch haben wir die Verluste des Transformators ganz aus den Augen verloren. Sie setzen sich ebenso wie der Preis aus einem unveränderlichen Teil V_j, den die Joche beisteuern, und einem veränderlichen, den die bewickelten Säulen geben, zusammen. Die bezogenen Verluste sind natürlich

$$\frac{V_j + x \cdot V_s}{x^{\frac{3}{4}}}.$$

proportional. Sie werden am kleinsten, wenn

$$x \cdot V_s = 3\, V_j$$

wird.

Wir geben das Gesetz gleich in der besten Form:

> Die beste Verlustaufteilung zeigt beim Transformator die halbe Eisenwärme in den Säulen, die halbe in den Jochen. Die Kupferwärme ist dabei doppelt so groß wie die Eisenwärme der Säulen.

Wenn die Joche und die Säulen den gleichen Eisenquerschnitt haben, was wir vorderhand annehmen wollen, was aber keineswegs notwendig ist, dann fällt die gleichmäßige Aufteilung der Kosten auf Säule und Joch mit der gleichmäßigen Aufteilung der Verluste auf diese beiden Teile des Eisenkernes zusammen. Wir haben es also in der Tat mit einer in jeder Beziehung günstigsten Anordnung zu tun und können die gefundenen Gesetze als wichtige Errungenschaften der Formenlehre beibehalten.

Der erfahrene Berechner von Transformatoren wird sich plötzlich erinnern, daß er immer wieder gefunden hat, daß das Joch ebensoviel wog wie die Säulen. Er hat das Gesetz aus der Erfahrung gut gekannt, bevor er seine Ableitung gelesen hat. Es ist eines jener Gesetze, die immer vermutet und doch nie recht sicher als bestehend angenommen wurden.

17. Die drei Formengesetze des Transformators beim Entwurf. Eine Fülle von konstruktiven Fragen ist erledigt, sobald neben die beiden alten Grundgesetze der Formenlehre auch noch das Jochgesetz gestellt wird. Es ist fast nicht mehr einzusehen, wie ein Transformator noch unwirtschaftlich aufgebaut werden kann, wenn er einmal den angeführten drei Forderungen Genüge leistet.

In der Tat ist vor allem die wichtige Frage sofort gelöst, wie hoch die eiserne Säule bewickelt werden soll. Keine verwickelte analytische Rechnung, die mit Füllfaktoren und Einzelabmessungen arbeitet, kann ein so klares Resultat geben wie der einfache Versuch des vorangehenden Abschnittes. Die Wicklung muß doppelt so teuer sein wie das Säuleneisen. Das sagt alles.

Das erklärt ohne weiteres die Tatsache, daß Wicklungen mit großen Kühlungszwischenräumen und starkem Aufwand an Isolationsmaterial radial höher aufgebaut werden sollen als Wicklungen mit gedrängter Anordnung. Das erklärt auch die Tatsache, daß Aluminiumwicklungen wesentlich größere Fensterquerschnitte im Eisenkern verlangen dürfen als Kupferwicklungen. Das erklärt endlich auch die bekannte Konstruktionsregel, daß das hochlegierte Blech mehr Kupfer auf sich zieht als das gewöhnliche legierte Blech.

Die drei Formengesetze des Transformators legen überhaupt die Konstruktion vollständig fest, wenn die elektromagnetischen Beanspruchungen gegeben sind. Wenn der Entwerfende zunächst einen beliebigen Säulenquerschnitt wählt, so bestimmt er damit bereits auch die Säulenhöhe. Sie ergibt sich aus dem vorgeschriebenen Verhältnis der Kosten des Säuleneisens und der Wicklung. Erfüllt dann das sich ergebende Joch auch noch die Forderung, die die Formenlehre aufstellt, so ist die Konstruktion bereits in Ordnung.

Wenn aber das Jochgewicht dem Säulengewicht nicht entspricht, was beim ersten Entwurf wohl in der Regel auftreten wird, dann muß natürlich der Umbau beginnen. Die Säulen werden gekürzt oder verlängert, bis das Kostengleichgewicht im Eisen erreicht wird, worauf noch mit Hilfe der Wachstumsgesetze die Leistung wieder eingestellt werden muß.

Sind die Verluste im Eisen und die Verluste im Kupfer von vornherein vorgeschrieben, so ist der Entwurf ebenfalls bestimmt und die Formengesetze können alle eingehalten werden. Mit der gewünschten Anordnung der Wicklung und irgendwelchen angenommenen elektromagnetischen Beanspruchungen wird die beste Konstruktion ermittelt. Die Wachstumsgesetze und die richtige endgültige Festsetzung der Beanspruchungen führen dann zur gesuchten Konstruktion. Denn bezeichnet x eine lineare Abmessung und $k_1\, k_2\, k_3$ je eine Konstante, so ergibt das Verfahren drei Gleichungen:

$$k_1 \cdot x^4 \cdot i \cdot B = \mathfrak{B}$$
$$k_2 \cdot x^3 \cdot i^2 = V_k$$
$$k_3 \cdot x^3 \cdot B^2 = V_e$$

die alles bestimmen.

Plötzlich wird das Entwerfen sehr leicht. Der Weg ist streng vorgeschrieben und ein Abirren unmöglich. Und doch bleibt die eigentliche Kunst des Entwerfens von all den schönen Gesetzen der Formenlehre unberührt. Sie besteht im Auffinden der richtigen Anordnung der Wicklung, im richtigen Bemessen der kühlenden Spulenzwischenräume, im Zusammenpassen der Verluste mit dem Kühlapparat.

Daß die Formenlehre da nicht helfen kann, ist natürlich und ganz in Ordnung. Die Theorie soll die Arbeit ordnen und vereinfachen, Einfälle ersetzen kann sie nicht. Hat sie nicht genug, hat sie nicht erstaunlich viel geleistet, wenn sie schlechte Entwürfe verhindert, wenn sie den Weg vorschreibt, sobald die Wicklungsanordnung gegeben ist? Wieviel Mühe und Arbeit mußten umsichtige Konstrukteure immer wieder aufwenden und verschwenden, um immer wieder bei den Gesetzen der Formenlehre zu landen? Wieviel wurde mit der Frage gespielt, ob kurze oder lange Säulen das Richtige sind, ob radial hohe oder niedrige Wicklungen angeordnet werden sollen. Und doch sind das alles keine Fragen, sondern ein für allemal erledigte Probleme.

Wir sind mit den Grundgesetzen der Formenlehre noch nicht fertig, deshalb wollen wir das Zusammenfassen des Gefundenen noch aufschieben. Wir haben erst den Transformator als Ganzes betrachtet, dann den Eisenkern für sich. Die Wicklung kann auch von der Konstruktion losgeschält werden. Sie hat ebenfalls ihre Formengesetze. Die wollen wir noch aufsuchen.

18. Das Spulenkopfgesetz des Transformators. Die Wicklung hat zwei scharf ausgeprägte Teile, ganz ebenso wie der Eisenkern, nämlich den primären und den sekundären. Vom Magnetisierungsstrom abgesehen, entfällt auf jeden Wicklungsteil genau die gleiche Durchflutung. Deshalb liegt von vornherein die gleichmäßige Verteilung der Kosten und der Verluste auf die Wicklungshälften nahe.

Wenn die primäre und die sekundäre Wicklung nebeneinander auf der Säule sitzen, also nicht konzentrisch übereinandergeschoben werden, ist in der Tat die Gleichstellung ein zwingendes Gebot. Jede ungleichmäßige Verteilung der Durchflutung auf den gegebenen Kupferquerschnitt muß nachteilig sein, weil die Stromwärme dem Quadrat der Stromdichte proportional ist und deshalb am kleinsten wird, wenn die Stromdichte durchwegs gleich groß ist.

Aber die primäre und die sekundäre Wicklung sind nicht das eigentliche Gegenstück zu den Jochen und zu den Säulen. Wir erhalten es in einer ganz anderen Form, wenn wir einen Transformator mit einem rechteckigen Säulenquerschnitt betrachten.

Ein Blick auf die Abb. 1 zeigt, daß wir die Spulenköpfe von dem im Eisen steckenden Wicklungsteile streng scheiden können. Die Wicklungsköpfe beeinflussen den Eisenbedarf in keiner Weise, geradeso, wie die beiden Joche den Kupferaufwand ganz unberührt lassen. Der Teil der Wicklung, der im Eisen steckt, macht sich dagegen im Preise des Transformators ebenso bemerkbar wie das Säuleneisen.

Wir betrachten einen beliebigen Transformator mit rechteckigem Säulenquerschnitt. Einen einfachen Versuch wollen wir mit ihm unternehmen. Wir können nämlich alle Abmessungen unverändert beibehalten, wenn wir die Länge jener Seite des Säulenquerschnittes ändern, die die Größe der Wicklungsköpfe unberührt läßt.

Mit der Größe dieser Rechteckseite wächst der Säulenquerschnitt proportional, mit ihm das ganze Eisengewicht, das Gewicht des im Eisen steckenden Kupfers und die Leistung. Kosten die Spulenköpfe P_k Mark, während für den übrigen Transformator, entsprechend der veränderlichen Säulenbreite x, jeweils $x\,P_t$ ausgegeben werden müssen, so kostet die Konstruktion:

$$P = P_k + x \cdot P_t \quad \text{Mark.}$$

Der bezogene Preis, der uns allein interessiert, ist proportional:

$$\frac{P_k + x \cdot P_t}{x^{\frac{3}{4}}};$$

er wird am kleinsten, wenn

$$x \cdot P_t = 3 \cdot P_k$$

wird.

Die Spulenköpfe sollen ein Viertel der Gesamtkosten beanspruchen.

Dieses Resultat kann dicht neben das Jochgesetz in dessen erster Fassung gestellt werden. Ganz ebenso wie dieses kann es mit den beiden Grundgesetzen der Formenlehre vereinigt werden und gibt dann folgendes Formengesetz:

Die Stromwärme der Spulenköpfe soll gerade die Hälfte der Gesamtverluste der Wicklung übernehmen.

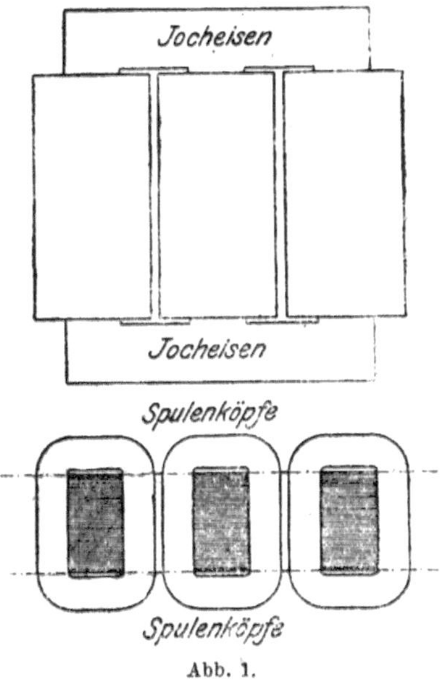

Abb. 1.

Die hier gefundenen Gesetze sind in der Praxis so gut wie unbekannt. Wenigstens in der hier gewählten Form. Wir wollen sie in einer bekannteren, obwohl unklareren Form wiedergeben, um die Kritik der Praxis heranziehen zu können.

Wenn der Spulenkopf ebensoviel wiegt wie der andere Teil der Spule, die Wicklung aber dabei doppelt soviel kosten soll wie die eiserne Säule, dann ergibt sich für den rechteckigen Säulenquerschnitt ein Seitenverhältnis, das im allgemeinen wenig schwanken wird.

Ein Blick auf die Abb. 1 läßt dieses Seitenverhältnis auf ungefähr 2 : 1 schätzen. Der erfahrene Konstrukteur hat in der Tat schon lange herausgefunden, daß er dem Rechteck ungefähr diese Form geben muß. Meist liegt das beste Verhältnis etwas höher, etwa bei 2,2 : 1. Indessen kommt es ganz darauf an, wie hoch die Säule bewickelt wird, denn davon hängt die Länge der Spulenkopfkrümmer ab.

Gerade das vorliegende Problem zeigt deutlich, wie verfehlt es ist, verwickelte analytische Berechnungen aufzustellen, wenn die günstigste Konstruktion gesucht wird. Welche Formel könnte für den rechteckigen Säulenquerschnitt das richtige Verhältnis angeben? Was müßte so eine Formel alles berücksichtigen? Die einfachen Formengesetze bestimmen alles und enthalten alles. Sie sind richtige Gesetze, wie sie nur die Natur selbst aufstellen kann. In ihrer schlichten Form sind sie von erhabener Größe und von zwingender Kraft. Sie erobern mühelos das Vertrauen des Ingenieurs, der verwickelten Formeln gern aus dem Wege geht und mathematische Resultate tausendfach bewährt sehen will, bevor er sie anerkennt.

19. Das Prinzip des Ebenmaßes. In den Gesetzen, die gleiche Verluste im Eisen und im Kupfer verlangen, die die Kosten gleichmäßig auf den Eisenkern und auf die Wicklung verteilt sehen wollen, die das Eisen in zwei ebenbürtige Hälften teilen und sie gleich ausstatten und die auch die Wicklung ähnlich behandeln, steckt eine höhere Forderung, eine höhere Kraft.

Die Formengesetze zeigen etwas gemeinsames, sie weisen auf den gleichen Ursprung gebieterisch hin, sie drängen darauf, zusammengefaßt und von einem höheren Standpunkt aus betrachtet zu werden. So einfach sie sind, wollen sie sich durch Vereinigung noch weiter vereinfachen, sie wollen zusammengefaßt noch mehr Verständnis und Vertrauen erwecken.

Wir können das Prinzip des Ebenmaßes nicht verkennen, wenn wir die Grundgesetze der Formenlehre in ihrer Gesamtheit ansehen. Der Transformator ist am besten aufgebaut, wenn er ebenmäßig aufgebaut, wenn die Teile ebenbürtig miteinander wirken, statt einander gegenseitig zu drücken und zu beengen. Das Maß muß durchwegs gleich, die Kosten ungezwungen verteilt, die Verluste als Last dem ganzen arbeitenden Stoff gerecht aufgelegt werden.

Das Prinzip des Ebenmaßes ist so selbstverständlich, daß ein anderes Aufbauprinzip ganz undenkbar erscheint. Wenn es eine günstigste Form für die Konstruktion gibt, muß sie doch irgendwie ganz allgemein gekennzeichnet sein. Diese Kennzeichnung kann ihr nur das Ebenmaß geben. Die Unebenmäßigkeit hat verschiedene Stufen, verschiedene Grade ihres Hervortretens. Die Ebenmäßigkeit kennt kein Maß, sie ist da oder sie ist nicht da. Sie entspricht einem besonderen, bevorzugten Fall, dem Fall der besten Konstruktion.

Daß das Prinzip des Ebenmaßes so selbstverständlich ist, ist ein Beweis für seine Richtigkeit. Nur das Wahre ist selbstverständlich, nur große Naturgesetze werden als etwas empfunden, was eigentlich gar nicht geklärt und gefunden zu werden braucht.

Wir können vorläufig nur den Transformatorenbau dem Prinzip des Ebenmaßes unterstellen. Wie sich der übrige Elektromaschinenbau verhält, muß erst festgestellt werden. Beim Transformator ist eben die Vernachlässigung des toten Materiales und des Magnetisierungsstromes zulässig, bei den anderen Maschinen nicht.

Es ist hochinteressant zu sehen, wie die Formenlehre den Magnetisierungsstrom und das tote Material überall wegschiebt. Mit Recht. Beide Größen haben nichts mit der eigentlichen Aufgabe der elektrischen Maschine zu tun. Der Magnetisierungsstrom hat die Last der Unvollkommenheit des Eisens zu tragen. Die Formenlehre würde ihn sofort anerkennen, wenn er der Liniendichte proportional bliebe. Aber die Magnetisierungskurve ist ein Zufall, obwohl ein höchst ernster Zufall. Der Magnetisierungsstrom gehört nicht in Gesetze hinein, die für alle Stoffe gelten, auch für noch unbekannte Ersatzstoffe des Eisens.

Daß das Gestell der Maschine nicht mitsprechen darf, ist ebenfalls begreiflich. Das Prinzip des Ebenmaßes gilt ohne Zweifel auch außerhalb des irdischen Gravitationsfeldes, das die Form des Gestelles vorschreibt.

Der Konstrukteur ist allerdings an die Erde gekettet und vorläufig auf das Eisen angewiesen. Er kann an der Frage nicht vorbeigehen, wie sich praktisch das Prinzip des Ebenmaßes im ganzen Elektromaschinenbau durchsetzt. Er betrachtet deshalb die Untersuchungen, die wir hier am Transformator vorgenommen haben, nur als Einleitung und wartet auf ein weiteres Eingehen auf die Einzelfragen.

Diese Aufgabe steht vor uns. Sie besteht nicht nur im Übertragen der schon angestellten Überlegungen, sondern auch im Berücksichtigen der Störungsursachen. Auch Nebenfragen ganz praktischer Natur sind dabei mit zu erledigen.

III. Das Verlustaufteilungsgesetz.

20. Das Grundgesetz der Verlustaufteilung und seine Übertragung auf die wirkliche Maschine. Im idealen Falle einer elektrischen Maschine, die weder mechanische Arbeitsverluste aufzuweisen hat, noch einen Magnetisierungsstrom braucht, in dem Falle also, dem der Transformator praktisch sehr nahe kommt, verlangt die Formenlehre die gleichmäßige Aufteilung der Verluste auf Eisen und Kupfer.

Dieses schöne und wichtige Gesetz hat natürlich beim Übergange aus der Theorie in die Praxis, bei der Übertragung vom Transformator auf den Drehstrommotor, auf den Wechselstromerzeuger und auf die Gleichstrommaschine noch eine schwere Probe zu bestehen. Es muß sich mit der Bewegung des Läufers und mit dem großen Magnetisierungsstrom auseinandersetzen. Es wäre sehr unvorsichtig, ohne weitere Prüfung das Verlustaufteilungsgesetz für den ganzen Elektromaschinenbau festsetzen zu wollen. Nicht nur im Hinblick auf die störenden mechanischen Verluste und den unangenehmen Magnetisierungsstrom. Die Pflicht ist nicht von der Hand zu weisen, auch noch beim Transformator Störungsquellen zu suchen und sich allen Möglichkeiten gegenüber sicherzustellen. Nur auf diese Art ist es möglich, ein wirklich brauchbares Werkzeug dem Konstrukteur in die Hand zu geben und die Formenlehre zu einem Teil der Baulehre zu machen.

Es erscheint auch nicht unwichtig, sich im modernen Elektromaschinenbau umzusehen und festzustellen, wie die Praxis dem Verlustaufteilungsgesetz gerecht wird. Immer ist ja die Erfahrung für die Theorie ungemein wertvoll und maßgebend. Allerdings darf dabei nicht übersehen werden, daß neben dem wirtschaftlichen Druck auch noch andere Faktoren auftreten und den Konstrukteur abdrängen. Die Formenlehre gibt nur die Ziele an, die beim Entwurf immer im Auge behalten, die aber keineswegs erreicht werden müssen. Auch die Erwärmungsfrage drängt, auch die Spannungsfrage ist wichtig. Sie stellen Forderungen auf, die eingehalten werden müssen, selbst wenn der Preis nicht mehr am kleinsten bleibt.

Das Befragen der Praxis gibt eine unerwartete Antwort. Gleiche Verluste im Eisen und im Kupfer sind selten. Selbst Transformatoren, die doch ideale Maschinen sind, folgen heute nicht mehr dem Verlustaufteilungsgesetz. Das Kupfer zieht durchwegs den Hauptteil der Verluste auf sich.

Die Tatsache, daß die Konstruktionspraxis der Formenlehre der idealen elektrischen Maschine schon beim wichtigsten Grundgesetz den Gehorsam verweigert, kann dreierlei Gründe haben. Der unwahrscheinlichste Grund wäre die Unkenntnis des Konstrukteurs. Wahrscheinlicher ist schon das Versagen des Verlustaufteilungsgesetzes den Störungserscheinungen gegenüber. Sehr in Frage kommt endlich die Erklärung, daß der Ingenieur in eine Zwangslage geraten ist, daß er demnach nicht mehr anders handeln kann.

Den wirklichen Grund für das Verhalten des praktischen Elektromaschinenbaues müssen wir finden. Wir müssen deshalb zunächst nachsehen, wie sich die Überlegungen des Abschnittes 14 vom Transformator auf die anderen Maschinen übertragen lassen. Wir müssen feststellen, ob auch die mechanischen Verluste in die Rechnung mitgenommen werden können.

Dies ist die erste Aufgabe. Die zweite muß sich mit der Frage beschäftigen, ob im Bereiche der Formenlehre ein Grund für das Versagen des Verlustaufteilungsgesetzes für den idealen Fall der Maschine zu finden ist.

Es ist merkwürdig, daß der scheinbare Widerspruch zwischen Theorie und Praxis verhältnismäßig leicht zu überbrücken ist. Das erste Grundgesetz der Formenlehre, das uns die Aufteilung der Verluste vorschreibt, ist mit dem Fortschritt des Elektromaschinenbaues mitgegangen, es hat sich mit den Konstruktionen mitentwickelt. Es steht, wie wir sehen werden, in dieser Beziehung nicht allein da.

Mit Unrecht hat die Theorie bisher diese interessante Erscheinung vernachlässigt. Hinter der scheinbaren Ungebundenheit der modernen Konstruktion steht doch ein festes Gesetz. Es wurzelt in alten Überlegungen und in immer wahr bleibenden Schlüssen. Es ändert nur mit der Zeit seine äußere Form, während der Kern, der Inhalt unverändert bleibt. Wir müssen den Weg vom alten Verlustaufteilungsgesetz der idealen Maschine zum modernen Verlustaufteilungsgesetz der wirklichen Konstruktion gehen.

21. Die mechanischen Verluste und die Stromwärme des Magnetisierungsstromes. Die elektrische Maschine hat neben den Verlusten im Eisen und im Kupfer auch noch mechanische Arbeitsverluste aufzuweisen. Die Lagerreibung steuert sie bei, und die Luftreibung des sich drehenden Läufers ist ebenfalls daran beteiligt. Der Ansatz der Gleichung (4), von dem wir bei der idealen Maschine ausgegangen sind, gilt demnach nicht mehr.

Die Bewegungsverluste stören indessen das Verlustaufteilungsgesetz in keiner Weise. Denken wir wieder an eine gegebene Maschine, deren beste Eisen- und Kupferbelastung unbekannt sind, deren Gesamtverluste V dagegen vorgeschrieben werden müssen, so können wir die Luft- und die Lagerreibungsverluste V_r sofort als mitvorgeschrieben betrachten. Mit der Umdrehungszahl der Maschine ist ihre Größe in der Tat bestimmt. Nur die Verluste im Eisen können noch durch entsprechende Wahl der Liniendichte B so gewählt werden, daß sie mit der Stromwärme der Wicklung, die durch Änderung der Stromdichte i eingestellt werden kann, den richtigen Gesamtbetrag ergeben.

Wenn nun die Gleichung

$$V = V_r + k_e G_e B^2 + k_k G_k i^2 \tag{9}$$

immer erfüllt bleiben muß, wenn der höchsten Leistung, also dem größten Werte des Produktes

$$i \cdot B$$

nachgegangen wird, so ergibt sich wiederum das Resultat:

$$k_e G_e B^2 = k_k G_k i^2 . \tag{10}$$

Die durchgeführte Rechnung ist richtig, obwohl erfahrungsgemäß im Eisen der Motoren und Stromerzeuger die Liniendichte sehr verschiedene Werte an verschiedenen Stellen hat. Die Zähne sind hochgesättigt, im vollen Eisenkörper sinkt die Liniendichte auf den halben Wert und noch tiefer. Aber der gemeinsame Kraftfluß verkettet die einzelnen Liniendichten. Man kann deshalb mit der Liniendichte an irgendeiner Stelle, z. B. im Luftspalt, rechnen, muß aber allerdings dann das wirkliche Eisengewicht durch ein „reduziertes Eisengewicht" ersetzen, wenn man den einfachen Ansatz der Gleichung (9) benützen will.

Natürlich ändert das nichts an dem Resultat. Die ungleichmäßige Verteilung der Belastung im Eisenkern stört das Verlustaufteilungsgesetz ebensowenig wie die Bewegungsverluste. Unangenehm ist das Auftreten des Magnetisierungsstromes.

Zu den Verlusten im Kupfer gehört nämlich auch die Stromwärme des Magnetisierungsstromes. Sie tritt bei der Gleichstrom- und bei der Synchronmaschine selbständig auf, beim Drehstrommotor und beim Transformator ist sie mit der arbeitenden Stromwärme vereinigt. Sie muß keineswegs ebenso zunehmen wie die übrige Kupferwärme, wenn die Leistung durch die Erhöhung der Stromdichte vergrößert wird. Im Gegenteil. Sie soll sich nicht ändern, solange die Liniendichte bleibt.

In Wirklichkeit muß doch die magnetisierende Durchflutung bei der Gleichstrom- und bei der Synchronmaschine der arbeitenden Durchflutung folgen, damit das magnetische Gleichgewicht gegenüber wechselnden Belastungen gesichert wird. Der Luftspalt muß deshalb eingreifen, damit auch die Stromwärme der Erregerwicklung zur Kupferwärme gerechnet werden kann.

Bei Transformatoren und asynchronen Maschinen soll allerdings der Magnetisierungsstrom bleiben, wenn die Liniendichte bleibt. Glücklicherweise spielt er hier eine untergeordnete Rolle, so daß auch hier näherungsweise die ganze Kupferwärme als arbeitende Stromwärme betrachtet werden kann.

Die Untersuchung zeigt klar, daß für den ganzen Elektromaschinenbau mit ziemlicher Genauigkeit das Verlustaufteilungsgesetz der idealen elektrischen Maschine gilt. Es lautet in der allgemeinen Fassung:

Bei der günstigsten Anordnung hat die elektrische Maschine die gleiche Arbeitswärme im Eisen und im Kupfer.

Die wirklichen Verhältnisse machen das Grundgesetz ungenau. Die Unvollkommenheit des Eisens setzt sich durch. Je mehr sich der Magnetisierungsstrom bemerkbar macht, um so mehr versagt das Verlustaufteilungsgesetz. Die große Maschine strebt aber mehr und mehr ihrem Ideal entgegen und läßt das erste Gesetz der Formenlehre immer stärker zur Geltung kommen.

Es ist nicht überflüssig, darauf hinzuweisen, daß bei genauer Rechnung die Stromwärme der Magnetisierung eigentlich dahin wirkt, daß dem Kupfer der größere Teil der arbeitenden Verluste zugeschoben wird. Sie stellt sich zwischen Eisen und Kupfer und beeinflußt dadurch die Verteilung. Indessen ist dieser Einfluß des Magnetisierungsstromes nicht groß.

22. Ungleichmäßige Beanspruchungen der Teile des Eisen- und des Kupferkörpers. Das Verlustaufteilungsgesetz in der Praxis. Reduzierte Gewichte. Das Verlustaufteilungsgesetz behauptet sich nicht nur gegenüber den Bewegungsverlusten, sondern auch gegenüber ungleichmäßigen Beanspruchungen des Eisens und des Kupfers in den verschiedenen Teilen der Maschine. Es wird davon nicht berührt, daß in den Zähnen sehr hohe Liniendichten auftreten, während rückwärts im vollen Eisen der Kraftfluß einen großen Querschnitt zur Verfügung hat.

Es wird auch davon nicht berührt, daß in den Wicklungsteilen nicht überall die gleiche Stromdichte auftritt. Auch mit diesem Umstand muß nämlich die Formenlehre rechnen. Die Erregerwicklung kann und muß zuweilen ganz anders belastet werden als die eigentliche Arbeitswicklung. Selbst bei Transformatoren beobachtet man oft verschiedene Stromdichten in den beiden Wicklungshälften.

Die ungleichmäßige Belastung der einzelnen Kupfer- und Eisenteile stört das Verlustaufteilungsgesetz nicht, sie greift aber doch in fühlbarer Weise in die Formenlehre des Elektromaschinenbaues ein. Sie ist mit dem Nachweis, daß die Verluste ihr zum Trotz den vorgeschriebenen Weg gehen, nicht erledigt. Wir müssen ihr weiter nachgehen und sofort feststellen, wie sie zur Geltung kommt.

Beim rechnerischen Nachweis der allgemeinen Gültigkeit des Verlustaufteilungsgesetzes haben wir an Stelle des tatsächlichen das reduzierte Eisengewicht eingeführt. Wir haben nur einen der zwangsläufig miteinander gekuppelten Werte der Liniendichten beachtet und dazu einen Eisenkörper bestimmt, der durchweg mit der hervorgehobenen Liniendichte belastet, die tatsächlichen Verluste aufweisen würde. Das Gewicht dieses Ersatzkörpers war dann das reduzierte Gewicht.

Ganz genau so kann man natürlich auch beim Kupfer vorgehen und auch ein reduziertes Kupfergewicht bestimmen. In beiden Fällen aber tut man gut, die Liniendichte bzw. die Stromdichte, auf die man das reduzierte Gewicht bezieht, passend zu wählen. Aus Gründen, die später klar werden, wollen wir die höchste Liniendichte und die höchste Stromdichte, die in der Maschine auftreten, im Auge behalten.

Entschließt man sich, immer in diesem Sinne vorzugehen, so bekommt man, wie leicht ersichtlich, ein reduziertes Gewicht für den Eisen- und für den Kupferkörper, das kleiner ist als das tatsächliche. Es wird um so mehr vom tatsächlichen abweichen, je größere Belastungsunterschiede auftreten. Das reduzierte Eisengewicht wird deshalb bei Motoren und Stromerzeugern bedeutend kleiner sein als das wägbare, weil die Zähne den Kraftfluß sehr stark einschnüren. Das reduzierte Kupfergewicht wird dagegen meist nur wenig hinter dem wirklichen zurückbleiben.

Diese Tatsache erscheint sehr unbedeutend, bekommt aber sofort einen großen Wert, wenn sie zu einer Folgerung aus dem Verlustaufteilungsgesetz verwendet wird, die wir nun ziehen wollen. Sie kann ein helles Licht auf die im ersten Augenblick unverständlichen Abweichungen der Praxis von den Ergebnissen der Formenlehre werfen.

Warum gibt denn wirklich der Konstrukteur dem Eisen nicht dieselbe Wärmelast wie dem Kupfer? Warum befolgt er nicht ein Konstruktionsgesetz, das so feststeht, das Verlustaufteilungsgesetz, das sich allen Störungserscheinungen gegenüber behauptet und selbst der Unvollkommenheit des Eisens, die in der Magnetisierungskurve zum Ausdruck kommt, nur wenig nachgibt?

Die Frage ist ernst, so ernst, daß sie unbedingt beantwortet werden muß. Es genügt nicht, daß nachgewiesen wird, daß das Auftreten der Bewegungsverluste nicht stört, daß die ungleichmäßige Belastung des arbeitenden Materials ohne Einfluß ist. Die Ansicht der Praxis ist zu wichtig, um übergangen werden zu können. Sie muß entweder widerlegt oder aber mit der Theorie in Einklang gebracht werden.

Wir können die geforderte Antwort geben, wir können sie sogar ausführlicher geben, als erwartet werden kann. Auch für Transformatoren, auch für die ideale Maschine, die keine störenden Erscheinungen zeigt und durchwegs eine gleichmäßige Belastung im

Eisen und im Kupfer aufweist, können Abweichungen vom Verlustaufteilungsgesetz gerechtfertigt werden. Wiederum werden wir auf den Einfluß einer Größe stoßen, die sich nirgends mit der Formenlehre vertragen will, die immer stört, immer entstellt, gleichsam um immer wieder darauf aufmerksam zu machen, daß sie überflüssig und unerwünscht ist, daß sie möglichst unterdrückt werden soll.

23. Der Magnetisierungsstrom und das Verlustaufteilungsgesetz. Die Forderung nach gleichen Verlusten im Eisen und im Kupfer, die für alle Maschinen feststeht, fordert gleichzeitig ein gewisses Verhältnis der beiden Beanspruchungszahlen, der Strom- und der Liniendichte. Aus der Bedingungsgleichung (10) folgt nämlich

$$\left(\frac{i}{B}\right)^2 = \frac{k_e \cdot G_e}{k_k \cdot G_k}, \tag{11}$$

eine neue Bedingungsgleichung, die das erwähnte Verhältnis festlegt.

Wenn wir eine gegebene Maschine betrachten und für sie den besten Belastungsfall suchen, so müssen wir mit einem gegebenen Verhältnis der Beanspruchungszahlen rechnen. Zweifellos sind die beiden Verlustzahlen k_e und k_k von vornherein gegeben. Das Gewicht des arbeitenden Eisens liegt natürlich ebenfalls fest, und das Gewicht des Kupfers ist bekannt.

Man könnte allerdings einwenden, daß die Gleichung (11) fast immer mit den reduzierten Gewichten rechnen muß. Dies hat indessen nichts zu sagen. Auch die reduzierten Gewichte sind bestimmt, sobald der Entschluß gefaßt ist, mit den höchsten Werten der Strom- und Liniendichte zu rechnen. So kommt man doch wieder zu der Tatsache, daß die Stromdichte nur gleichzeitig mit der Liniendichte gewählt werden kann.

In diesem Zwang liegt die Quelle des Versagens des Verlustaufteilungsgesetzes. Man kann nämlich nicht jede Liniendichte zulassen, während die Stromdichte beliebig erhöht werden kann. Der Magnetisierungsstrom stört schon wieder.

Wir wollen Zahlen zu Hilfe nehmen. Bei 50 Perioden kann

$$k_e = 2{,}5 \cdot 10^{-8} \text{ Watt/kg}$$

sein, während oft

$$k_k = 3{,}0 \text{ Watt/kg}$$

wird. Dem gar nicht ungewöhnlichen Werte der Stromdichte

$$i = 4{,}0 \text{ A/mm}^2$$

würde demnach eine Liniendichte von

$$B = 43\,800 \sqrt{\frac{G_k}{G_e}} \text{ Kraftlinien/cm}^2$$

entsprechen.

Es kommt ganz darauf an, wie sich die Gewichte G_k und G_e verhalten, wenn die Möglichkeit der praktischen Ausführung in Frage steht. Ist das Eisengewicht viermal so groß wie das Kupfergewicht, so kommen wir auf fast 22 000 Kraftlinien/cm² in den Zähnen. Was aber, wenn dieses Verhältnis ganz unbrauchbare Werte gibt?

Gerade bei den gezahnten Ständern und Läufern der Maschine haben wir mit dem Umstand zu rechnen, daß die reduzierten Gewichte ein ganz anderes Verhältnis geben als die wirklichen. Sie stehen einander näher als in Wirklichkeit die Gewichte des Eisens und des Kupfers. Der Konstrukteur muß in die größte Verlegenheit kommen, wenn er das Verlustaufteilungsgesetz einhalten will. Schließlich muß er sich dazu bequemen, an die Stelle der Bedingungsgleichung 11 die neue

$$\left(\frac{i}{B}\right)^2 = \psi \frac{k_e G_e}{k_k G_k} \tag{12}$$

zu setzen und

$$\psi > 1$$

anzunehmen. So erreicht er die Verlustaufteilung

$$V_k > V_e,$$

wie sie der Elektromaschinenbau durchweg zeigt, er verleugnet das Grundgesetz der Formenlehre nicht, aber er ist gezwungen, es nur annähernd einzuhalten.

Der Magnetisierungsstrom, den wir überall im Elektromaschinenbau als lästige Nebenerscheinung niederhalten müssen, erlaubt uns nicht, die Eisenbeanspruchung höher und höher zu treiben. Neue Kühleinrichtungen tauchen auf, geistreiche Neuerungen ermöglichen immer vollkommenere Lösungen der Erwärmungsfrage, aber sie können nur einseitig ausgenützt werden. Die Stromdichte im Kupfer muß den Erfolg voll ausschöpfen, die Liniendichte bleibt zurück.

Der Weg des Fortschrittes, der fast immer durch Verbesserung der Kühlung gekennzeichnet ist, geht von kleinen Werten des Verhältnisses

$$\frac{i}{B}$$

zu immer größeren. Die natürliche Folge ist das erzwungene Wachsen der Größe ψ in Gleichung 12. Die gleichmäßige Aufteilung der Verluste auf Eisen und Kupfer **muß** immer mehr verschoben werden, immer stärker müssen die Verluste im Kupfer überwiegen.

Die Praxis entfernt sich vom Ideal der elektrischen Maschine, aber sie verliert es nicht aus den Augen. Sie gibt einem unwiderstehlichen Druck nach, aber nur so weit, wie sie gerade muß. Sie kämpft mit dem Magnetisierungsstrom. Sie hat sich nicht für immer mit ihm abgefunden. Sie hofft auf Abhilfe und sucht.

Es ist natürlich nicht ausgeschlossen, daß es gelingt, ein Eisen zu finden, das einen weit kleineren Magnetisierungsstrom verlangt, als das jetzt im Elektromaschinenbau verwendete. Es ist ja auch gelungen, das Gußeisen der Gleichstrommaschine durch Stahlguß zu ersetzen. Jede Erleichterung würde selbstverständlich von der Praxis sofort ausgenützt werden und sofort würde wieder die Verlustaufteilung schöner, gleichmäßiger werden.

Das hochlegierte Eisen, das ganz kleine Verluste bringt, kann im Elektromaschinenbau nicht hochkommen. Es drückt nicht an der richtigen Stelle. Es sucht das Verlustverhältnis noch mehr zu verschieben, statt es zu verbessern. Nicht die kleine Verlustzahl tut uns in erster Linie not, sondern der kleine Magnetisierungsstrom. Den würden wir gern bezahlen, weil er eine Verbesserung der Konstruktion erlauben würde. Wir warten auf ihn.

24. Kein Kostenaufteilungsgesetz für die wirkliche elektrische Maschine. Wenn die Formenlehre das alte Verlustaufteilungsgesetz des Transformatorenbaues im ganzen Elektromaschinenbau zu Ehren bringt, muß sie natürlich versuchen, aus der Theorie der idealen Maschine alles in die Theorie der wirklichen elektrischen Maschine herüberzuziehen, was mit diesem wichtigen Grundgesetz zusammenhängt.

Die Erkenntnis, daß bei der idealen Maschine nur eine Gruppe von Konstruktionsmöglichkeiten in Betracht kommt, deren gemeinsames Kennzeichen das unveränderliche Produkt des Kupfer- und des Eisengewichtes ist, ist eine Folgerung aus dem Verlustaufteilungsgesetz. Sie hat sich, wie wir gesehen haben, als außerordentlich wichtig erwiesen, sie führte sofort zum Kostcnaufteilungsgesetz. Wir müssen deshalb unbedingt nachsehen, ob nicht auch bei der wirklichen Maschine eine ähnliche Auswertung des Verlustaufteilungsgesetzes möglich ist.

Aus der Tatsache, daß immer die Verluste im Eisen den Verlusten im Kupfer die Wage halten sollen, wenn die günstigsten Verhältnisse erreicht werden müssen, folgt die Forderung

$$\frac{i^2}{B^2} = \frac{k_e G_e'}{k_k G_k'} .$$

Sie bezieht sich auf das reduzierte Kupfergewicht G_k' und auf das reduzierte Eisengewicht G_e', wenn sie ein bestimmtes Verhältnis zwischen der Stromdichte und der Liniendichte vorschreibt. Sie kann in zwei Forderungen aufgelöst werden, denn mit einer Konstanten K können wir auch schreiben:

$$i^2 = K \cdot k_e G_e'$$

und

$$B^2 = K \cdot k_k G_k' .$$

Die Summe der Verluste im Eisen V_e und der Verluste im Kupfer V_k ist natürlich von vornherein vorgeschrieben, weil bei gegebenen Gesamtverlusten die mechanischen Verluste durch die Umdrehungszahl bestimmt sind. Aus der Gleichung:

$$V_e + V_k = k_e G'_e B^2 + k_k G'_k i^2$$

folgt aber bei Beachtung der beiden oben aufgestellten Forderungen sofort:

$$G'_e \cdot G'_k = \frac{V_e + V_k}{2 K k_e k_k}.$$

Auch bei der wirklichen Maschine ist demnach die Wahl der besten Konstruktion nach Berücksichtigung des Verlustaufteilungsgesetzes auf eine Gruppe von Entwürfen beschränkt, deren Kennzeichen ein Produkt zweier Gewichte ist. Diesmal aber handelt es sich nicht mehr um das wirkliche Eisen- und Kupfergewicht, sondern um das reduzierte.

Der Unterschied ist gewaltig. In der Tat steht jetzt der Konstrukteur ratlos vor dem Ausdruck:

$$G_e p_e + G_k p_k,$$

der ihm den Preis der Maschine angibt und den er möglichst klein machen möchte. Er weiß ja nicht, wie ihm die Wahl der Gewichte G_e und G_k eingeengt ist. Nur für die reduzierten Gewichte hat er eine Vorschrift. Aber zwischen G_e und G'_e besteht keine allgemein gültige Beziehung, ebensowenig aber auch zwischen G_k und G'_k.

Wir haben das Verlustaufteilungsgesetz der idealen Maschine verallgemeinert, ihr Kostenaufteilungsgesetz können wir nicht für den ganzen Elektromaschinenbau sicherstellen, wenigstens nicht gleich, jedenfalls nicht auf dem einfachen Wege, der bei der idealen Maschine offen stand. Das Grundgesetz, das die Aufteilung der Verluste vorschreibt, kann uns nicht weiter helfen, wir haben ihm entnommen, was es enthielt, mehr kann es nicht geben.

Der Eindruck ist nicht zu verwischen, daß wir zu einem gewissen Abschluß gelangt sind. Das Verfahren der älteren Transformatorentheorie versagt im allgemeinen Elektromaschinenbau, deshalb ist es immer nur ein Teil der Transformatorentheorie geblieben. Es ist ganz natürlich, daß die Formenlehre unentwickelt bleiben mußte, nachdem es sich herausgestellt hat, daß bei Transformatoren der Nachweis für das Kostenaufteilungsgesetz möglich ist, daß er aber auf den übrigen Elektromaschinenbau nicht übertragen werden kann. Eine schwere Erschütterung erlitt sie, als auch bei Transformatoren das reduzierte Gewicht auftauchte, sobald Eisenkerne mit verstärkten Jochen gebaut wurden. Den Rest gab ihr endlich die Entwicklung der Abkühlungstechnik, die auch noch das Verlustaufteilungsgesetz umwarf.

Die Formenlehre muß offenbar neue Wege betreten. Wir haben schon bei der Aufstellung des Prinzipes des Ebenmaßes gesehen, daß die alten Gesetze des Transformators wesentlich erweitert werden können. Wir konnten auf Grund der Ergebnisse des Problems der wachsenden Maschine zwei neue Formengesetze aufstellen: das der Joche und das der Spulenköpfe. Diese beiden Gesetze werden nun, da wir auf sie angewiesen sind, außerordentlich wichtig. Wir werden sehen, daß die moderne Formenlehre in ihnen einen kräftigen Unterbau gewonnen hat. Sie lassen sich leicht auf den ganzen Elektromaschinenbau ausdehnen und erweisen sich als ungemein fruchtbar.

IV. Das Gesetz der Joche und das Gesetz der Spulenköpfe.

25. Das Kostengesetz der Joche beim Drehstrommotor. Ein Drehstrommotor liegt vor uns. Seine Form und Gestalt soll vom Standpunkt der Wirtschaftlichkeit untersucht werden, wir wollen am Beispiel aus dem Leben die Gesetze der Formenlehre beobachten.

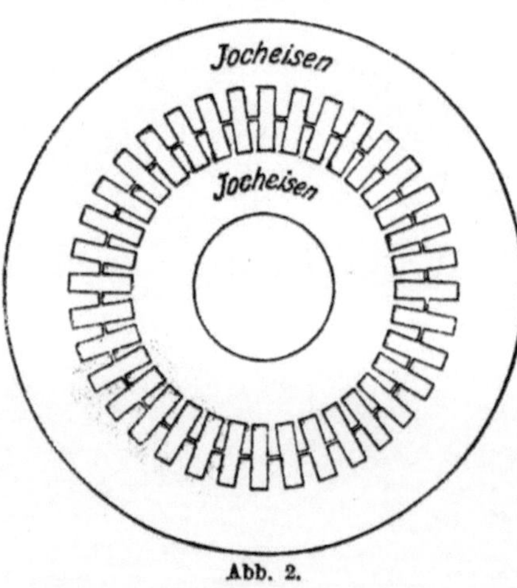

Abb. 2.

Wir zerlegen den Motor. Wir nehmen die Lagerschilder weg, ziehen das Kupfer aus den Nuten und lassen den Blechkörper zerfallen. Schließlich bleibt nur eine Blechscheibe übrig, die indessen den Aufbau der Maschine sehr gut kennzeichnet (Abb. 2). Bei dieser Blechscheibe wollen wir stehenbleiben.

Unschwer erkennt man in den beiden Ringen, die außen und innen hinter den Zähnen liegen, die beiden Joche des Eisenkörpers. Die Ringbreite ist daher offenbar mit der Zahnbreite konstruktiv verbunden. Wir können kaum die eine ändern, wenn wir die andere beibehalten wollen.

Scheinbar kann auch die Zahnhöhe ohne Beeinflussung des Jochgewichtes nicht geändert werden. Dem ist aber doch nicht so. Wenn die Zähne im Ständer und im Läufer je x cm hoch sind, tragen sie im Ständerjoch $2\,x\,\pi$ cm zur mittleren Länge des Jochringes bei, während sie den Läuferring gleichzeitig um $2\,x\,\pi$ cm kürzen. Bei gleicher Jochbreite außen und innen hat daher bei festgehaltenem Läuferdurchmesser die Zahnhöhe keinen Einfluß auf das Gesamtgewicht des Jocheisens.

Diese Tatsache kann zu folgender Betrachtung verwertet werden. Wir denken an verschiedene Zahnhöhen und suchen die günstigste. Der Preis des Jocheisens P_j ist, wie wir gesehen haben, fest gegeben.

Der Preis des übrigen arbeitenden Materials ist dagegen x proportional. Offenbar ändert sich nämlich die mittlere Zahnbreite nicht, während die Nutenbreite ohnehin unverändert bleibt. Wir können daher in der Tat den Preis des arbeitenden Materials ohne Joche mit $x \cdot P_0$ bezeichnen. Da nun auch die Leistung bei unveränderter Liniendichte im Kupfer proportional mit x wächst, kann der bezogene Preis des Motors durch den Ausdruck

$$\frac{P_j + x \cdot P_0}{x^{\frac{3}{4}}}$$

gemessen werden.

Bei der billigsten Konstruktion muß

$$3 \cdot P_j = x \cdot P_0$$

sein. Diese Bedingungsgleichung kann auch in die Form

$$P_j = \frac{P_j + x P_0}{4}$$

gebracht werden, sie zeigt dann, daß das Jocheisen ein Viertel der Gesamtkosten übernehmen soll.

Das Jochgesetz des Drehstrommotors, das wir hiermit abgeleitet haben, gilt offenbar in voller Strenge, ganz ebenso wie bei der idealen Maschine. Die Wirklichkeit kann wohl kleine Ungenauigkeiten verursachen, aber das Gesetz selbst kann sie nicht umstoßen.

Sie bringt zuweilen verschiedene Jochbreiten im Ständer und Läufer und verursacht dadurch geringfügige Gewichtsänderungen des Jocheisens bei verschiedenen Zahnhöhen. Sie stört durch ungleich hohe Zähne im Läufer und Ständer. Sie läßt hie und da verschiedene Zahnbreiten im Ständer und Läufer zu. Aber alle die kleinen Unregelmäßigkeiten sind bedeutungslos, sie sind so geringfügig, daß selbst sehr genaue Rechnungen nichts greifbares entdecken können.

Es ist in hohem Maße bemerkenswert, daß die oben durchgeführte Betrachtung alles berücksichtigt, was die Wirklichkeit bringen kann. Sie gilt für beliebige Baustoffe, für hochlegiertes und gewöhnliches legiertes Blech, für Kupfer- und für Aluminiumwicklungen. Sie wird etwas ungenau, wenn im Ständer ein teureres Blech verwendet wird als im Läufer, aber sie läßt sich auch durch solche ernst zu nehmenden Verwicklungen nicht beirren.

Gerade kleine Abweichungen bei ernsten Störungen zeigen, daß es sich um ein großes, festes Gesetz handelt. Noch aber sind wir nicht berechtigt, das Jochgesetz für den ganzen Elektromaschinenbau aufzustellen. Der Asynchronmotor ist mit dem Transformator zu nahe verwandt und deshalb selbst noch eine sehr ideale Maschine. Wir müssen nachsehen, wie sich die Synchronmaschine verhält und was die Gleichstrommaschine einzuwenden hat. Der überall störend auftretende Magnetisierungsstrom wird sicherlich auch das Jochgesetz nicht ohne weiteres anerkennen.

26. Das Kostengesetz der Joche im übrigen Elektromaschinenbau. Versucht man bei der Gleichstrom- oder bei der Synchronmaschine die Betrachtung zu wiederholen, die beim Drehstrommotor zum Jochgesetz geführt hat, so stößt man auf große Schwierigkeiten. Die Erregerwicklung verbraucht so viel Kupfer, daß der Preis der Maschine sehr stark von ihr abhängt. Sie nimmt auch teueres Eisen in Anspruch. Man kann sich deshalb ein Kostengesetz, das das Polrad nicht beachtet, gar nicht vorstellen.

Wenn man aber sieht, daß der Kraftfluß von der Zahnlänge unberührt bleibt, daß deshalb die erregende Durchflutung nur den Zuwachs an magnetischem Widerstand, den der verlängerte Zahn bringt, ausgleichen muß, verliert man den Mut. Die einfache Rechnung ist offenbar nicht mehr möglich, ja es scheint überhaupt ausgeschlossen zu sein, durch Rechnung dem Kostenproblem der beiden Maschinenarten beizukommen.

Die Schwierigkeiten, mit denen wir es hier zu tun haben, sind indessen nur scheinbar. Der Magnetisierungsstrom ließ sich im Problem der wachsenden Maschine bewältigen, die Stromwärme der Erregerwicklung konnte unter das Grundgesetz der Verlustaufteilung gebracht werden und das Kupfer und das Eisen des Polrades lassen sich ebenso dem Gesetz der Joche unterordnen.

Immer wieder kommt der Formenlehre die Tatsache zuhilfe, daß der magnetische Widerstand der Synchronmaschine ebensowenig beliebig gewählt werden kann, wie der magnetische Widerstand der Gleichstrommaschine. Die Rücksicht auf den Betrieb zwingt den Konstrukteur, die erregende Durchflutung immer der Größe der arbeitenden Durchflutung anzupassen. Der Luftspalt besorgt den Ausgleich und so kommt es, daß der störende Magnetisierungsstrom immer wieder nachgibt.

Verlängert man bei einer Synchronmaschine die Zähne des Ständers, so vergrößert man gleichzeitig in demselben Verhältnisse die arbeitende Durchflutung. Sofort ergibt sich die Notwendigkeit, die Polkerne, auf denen die Erregerwicklung sitzt, ebenfalls in dem Verhältnis zu verlängern. Nur so kann man nämlich die größere Erregerwicklung, die man jetzt braucht, unterbringen.

Genau die gleiche Überlegung gilt auch für die Gleichstrommaschine, Das Bild, das wir schließlich erhalten, ist im Wesen dasselbe, wie wir es beim Drehstrommotor gesehen haben. Das Jochgesetz kann ganz genau so wie dort abgeleitet werden, das Jocheisen muß auch bei der Synchron- und bei der Gleichstrommaschine ein Viertel der Kosten des arbeitenden Materiales übernehmen. Die Abb. 3 zeigt, daß das Gesetz der Joche die Synchronmaschine bis zur Nabe beherrscht. Sie läßt erkennen, daß sich auch hier die Vergrößerung des Jochgewichtes, die von den Zähnen herrührt, gegen die Verkleinerung, die durch die Polkerne verursacht wird, ausgleicht. Sie zeigt, daß die Rechnung sehr genau bleibt, wenn sie das Erregereisen und das Erregerkupfer mitnimmt.

Es ist fast überflüssig, daran zu erinnern, daß das Gesetz der Joche immer sinngemäß angewendet werden muß. Das Eisen der Polschuhe zählt demnach zum Jocheisen, ebenso wie das Eisen der Zahnköpfe bei geschlossenen oder halbgeschlossenen Nuten. Richtig angewendet, ist das Jochgesetz dann auch genau. Es lautet ganz allgemein gültig:

Das Jocheisen der elektrischen Maschine übernimmt ein Viertel der Gesamtkosten des arbeitenden Materials, wenn die Konstruktion die geringsten Kosten verursacht.

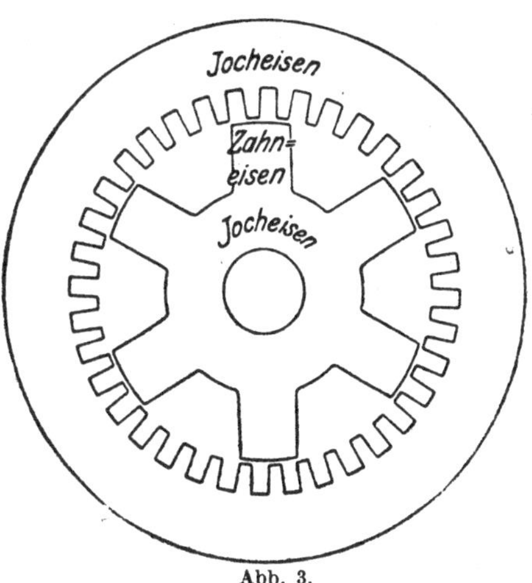

Abb. 3.

Ein großes Gesetz der Formenlehre steht vor uns. Es wurzelt in der Wirklichkeit, es beherrscht daher auch die Wirklichkeit. Wenn beim Drehstrommotor der Ständer aus teuerem, der Läufer aus billigem Blech aufgebaut wird, bleiben die Jochkosten bei verschiedenen Zahnlängen nicht ganz genau unverändert, aber sehr genau. Wenn der Ständer der Synchronmaschine aus Blech, der Läufer aus Stahlguß besteht, wenn bei der Gleichstrommaschine der Ständer aus Stahlguß und der Läufer aus Blech ist, so bleibt das Jochgesetz fest.

Es kümmert sich auch nicht darum, ob das Zahneisen unter der Hand des Arbeiters teurer wird als das Jocheisen. Es gilt auch für Maschinen, in denen das Kupfer durch Aluminium oder Zink ersetzt ist. Mit Recht kann man es deshalb als ein Grundgesetz der Formenlehre betrachten, ein Gesetz, von dem sie immer wieder ausgehen muß, wenn sie zu neuen Untersuchungen ausholt.

27. Das Kostengesetz der Spulenköpfe. Wenn beim Drehstrommotor die günstigste Zahnhöhe ermittelt ist, können die Bleche wieder zum Eisenkörper zusammengelegt werden. Aber bevor das Kupfer in die Nuten eingelegt wird, taucht eine Frage auf, die nicht übergangen werden kann. Ist es gleichgültig, wieviel Bleche man aneinander reiht?

Ist es für den Preis des Motors einerlei, wie lang der Eisenkörper wird? Gibt es einen günstigsten Fall?

Zweifellos ist eine bestimmte Eisenlänge vor allen anderen ausgezeichnet. Der Länge des Eisenkörpers x ist offenbar sowohl der Preis des arbeitenden Eisens, als auch der Preis des in den Nuten liegenden Kupfers proportional. Auch die Leistung des Motors wächst ebenso wie x. Ganz unabhängig von x ist dagegen der Preis der Spulenköpfe. Bezeichnen wir ihn daher mit P_k, während wir die Kosten des übrigen arbeitenden Materiales mit $x \cdot P_0$ andeuten, so bekommen wir den Ausdruck:

$$\frac{P_k + x \cdot P_0}{x^{\frac{1}{4}}},$$

dem der bezogene Preis des gesamten arbeitenden Materiales proportional ist.

Der günstigste Fall wird in gewohnter Weise bestimmt. Die Spulenköpfe müssen ein Viertel der Gesamtkosten übernehmen. Damit ist das Gesetz der Spulenköpfe für den Drehstrommotor sichergestellt. Es lautet noch ganz ebenso wie bei der idealen Maschine.

Aber der Drehstrommotor bildet keine Ausnahme. Auch die Gleichstrommaschine, auch die Synchronmaschine folgt dem Gesetz der Spulenköpfe. Man kann ganz genau dieselbe Überlegung, die oben zum Ziele führte, auch für diese beiden Maschinenarten benutzen.

Daß man dabei sowohl das Erregereisen als auch das Erregerkupfer mitnehmen kann, liegt auf der Hand. Man darf allerdings nicht immer an runde Polkerne denken und annehmen, daß die Erregerspule rund sein soll. Sie darf es gar nicht sein. Denn wenn bei verlängerter Arbeitswicklung auch der Querschnitt der Polkerne größer werden muß, kann der zur Verfügung stehende Raum nur so ausgenutzt werden, daß die Pole länglich werden. Deshalb tut man gut, von vornherein nur an rechteckige Polquerschnitte zu denken.

Wenn nach all dem das ganze, vom Kraftfluß durchströmte Eisen und das ganze, vom Strom durchflutete Kupfer zum arbeitenden Teil der Maschine gezählt wird, lautet das allgemein gültige Gesetz der Spulenköpfe folgendermaßen:

Die Spulenköpfe der elektrischen Maschine übernehmen bei der besten Konstruktion ein Viertel der Gesamtkosten des arbeitenden Materiales.

Es ist selbstverständlich, daß auch das Gesetz der Spulenköpfe immer richtig, nämlich immer sinngemäß angewendet werden muß. So muß man z. B. achtgeben, wohin man jenen Teil der Spulen zählt, der die Luftschlitze im Eisenkörper überbrückt. Man darf nicht ohne weiteres dem ersten Eindruck folgen und erklären, er gehöre zu den

Spulenköpfen, weil ja auch jene Verlängerung des Nutenteiles der Spule zum Kopf gehört, die die Aufgabe hat, den eigentlichen Spulenkopf, der Spannung entsprechend, vom Eisen zu entfernen. Die Anzahl der Luftschlitze wächst nämlich mit der eigentlichen Eisenlänge. Deshalb gehört das ganze Nutenkupfer zusammen.

Wohin gehört das Kollektorkupfer der Gleichstrommaschine? Der Schein spricht für die Anrechnung zum Spulenkopfkupfer. Mit der Eisenlänge wächst nämlich der Strom der Maschine nicht, deshalb reicht die Bürstenfläche immer aus. Aber der Schein trügt auch hier.

Proportional mit der Eisenlänge des Ankers wächst natürlich die Spannung der Maschine und mit ihr die Spannung zwischen zwei benachbarten Segmenten des Kollektors. War dieser also ursprünglich richtig bemessen, so ist er es in keinem anderen Falle mehr. Dies kann man ganz besonders deutlich sehen, wenn man die Segmentspannung festhält, was bei Spulen mit mehreren Windungen durch innere Schaltung möglich ist. Das Problem der wachsenden Maschine hat ja gezeigt, daß die innere Schaltung der Maschine ohne jeden Einfluß ist.

Bei konstanter Spannung wächst natürlich der Strom der Maschine proportional mit der Eisenlänge. Mit ihm wächst die Fläche der Bürsten, deren Reibungswärme und die Übergangsverluste. Die Kollektorlänge muß demnach ebenso zunehmen wie die Länge des Eisenkörpers des Ankers, kurz, das Kollektorkupfer gehört zum Nutenteil der Wicklung.

Das Gesetz der Spulenköpfe ist mit der Wirklichkeit ebenso innig verknüpft, wie das Gesetz der Joche. Es ist das dritte große Grundgesetz der Formenlehre. Dabei bildet es ein unverkennbares Seitenstück zum Gesetz der Joche. Mit diesem zusammen verfügt es unmittelbar über die halbe Maschine, es greift demnach außerordentlich tief in das wirtschaftliche Problem des Elektromaschinenbaues ein.

Das Gesetz der Spulenköpfe ist von der Wahl der Baustoffe vollständig unabhängig. Es gilt für Gleichstrommaschinen, die eine normale arbeitende Wicklung aus Kupfer haben, deren Erregerspulen dagegen aus Aluminium bestehen. Es gilt ebenso für Drehstrommotoren, die im Ständer Kupfer, im Läufer Aluminium verwenden.

Es wird nicht ungenau, wenn der Eisenkörper im Ständer aus teuerem, im Läufer aus billigem Blech aufgebaut wird, wenn Stahlguß und Blech nebeneinander vorkommen. Alle möglichen Ausführungsarten der elektrischen Maschine müssen immer wieder das Gesetz der Spulenköpfe befolgen, wie sie auch das Gesetz der Joche anerkennen müssen.

Die Formenlehre hat mit dem Gesetz der Spulenköpfe ihre zweite große Stütze gewonnen. Auf dem Gesetz der Verlustaufteilung und auf den beiden großen Formengesetzen aufgebaut, hat sie alle Aussicht, jenes Problem zu lösen, das dem Konstrukteur zeitlebens zu schaffen gibt — das Problem der billigsten elektrischen Maschine.

28. Die vier Formen des Kostengesetzes der Joche und der Spulenköpfe. Das Gesetz der Joche und das Gesetz der Spulenköpfe zerlegen die Maschine in drei scharf voneinander getrennte Teile: in die Spulenköpfe, in die Joche und in den eigentlichen Kern der Maschine. Dieser Kern besteht aus dem Zahn- bzw. Polkerneisen und aus dem Nutenkupfer bzw. dem zwischen den Polkernen liegenden Teil des Erregerkupfers.

Diese Zerlegung der Maschine ist nicht nur vom wirtschaftlichen Standpunkt berechtigt und naheliegend, auch der nur an den elektrischen Strom und an den magnetischen Kraftfluß denkende Ingenieur hat das Gefühl, daß das Joch und die Spulenköpfe eigentlich nur eine Beigabe sind. Sie sind zweifellos notwendig, sie arbeiten zweifellos mit, aber die eigentliche Tätigkeit der elektrischen Maschine drängt sich um den Luftspalt zusammen.

Der Kern der Maschine ist eine Größe der Formenlehre, die wir mit Vorteil schon hier einführen. Wir können mit ihrer Hilfe nämlich nicht nur dem Gesetz der Joche und dem Gesetz der Spulenköpfe eine höchst merkwürdige Form geben, wir können außerdem auch noch dem entwerfenden Konstrukteur das richtige Verfahren für das Anwenden der beiden Grundgesetze zur Verfügung stellen.

Man kann behaupten:

Bei der billigsten Konstruktion entfällt auf das Jocheisen ein Viertel der Gesamtkosten, ein Drittel der Restkosten, die Hälfte der Kosten des Maschinenkernes oder ebensoviel wie auf das Spulenkopfkupfer.

Natürlich lautet auch das Gesetz der Spulenköpfe:

Bei der billigsten Konstruktion entfällt auf das Spulenkopfkupfer ein Viertel der Gesamtkosten des arbeitenden Materiales, deshalb ein Drittel der Restkosten. Es muß die Hälfte der Kosten des Maschinenkernes übernehmen bzw. ebensoviel wie das Jocheisen.

Daß ein Gesetz in vierfacher Form auftritt, ist kein bloßer Zufall. Jede Form hat sicherlich ihre eigene Bedeutung. In der Tat ist es für den kritischen Beobachter einer Konstruktion vor allem notwendig, zu wissen, daß Joch und Spulenköpfe mit den Gesamtkosten in einem gewissen Verhältnis stehen. Dagegen kommt die Gegenüberstellung der Kosten der Joche und der Spulenköpfe und der Kosten des Maschinenkernes in erster Linie beim Entwurf zur Geltung.

Dies ist leicht nachzuweisen. Wir denken an den ersten Entwurf einer Maschine, bei dem festgestellt wird, daß weder die Zahnhöhe, noch die Eisenkörperlänge die richtige Größe hat. Wie muß nun der Konstrukteur vorgehen, wenn er das Gesetz der Joche und das Gesetz der Spulenköpfe anwenden will?

Wenn er die Zahnhöhe so ändert, daß das Jocheisen ein Viertel der Kosten des arbeitenden Materiales übernimmt, so ist er nicht auf dem richtigen Weg. Denn, wenn er nachher die Länge des Eisenkörpers einzustellen versucht, verliert er wieder das richtige Verhältnis zwischen dem Jocheisen und dem Rest. Er vergrößert nämlich die Kosten der Joche proportional mit der Eisenlänge, während er einen Teil der Restkosten — die Kosten der Spulenköpfe — unverändert läßt.

Das richtige Verfahren ist folgendes. Die Zahnhöhe muß so geändert werden, daß das Jocheisen die Hälfte der Kosten des Maschinenkernes übernimmt. Wenn dann nachher die Eisenlänge so geändert wird, daß die Spulenköpfe ebenfalls die Hälfte der Ausgaben für den Kern der Maschine übernehmen, bleibt das richtige Verhältnis zwischen Joch und Kern bestehen. Natürlich kann man das Verfahren auch umkehren und kann ebensogut mit den Spulenköpfen anfangen. Der Kunstgriff liegt darin, daß jene Form des Gesetzes der Joche angewendet wird, die das Gesetz der Spulenköpfe mitberücksichtigt.

Wir sind offenbar bereits bei der Anwendung der beiden Grundgesetze und doch haben wir sie noch nicht nach allen Richtungen gesichert. Wir haben vor allem auf die Verluste keine Rücksicht genommen. Die Verluste sind aber ebenso wichtig für die Wirtschaftlichkeit der Maschine, wie der Anschaffungspreis. Die Formenlehre kann sich der Pflicht nicht entziehen, den Verlusten nachzugehen und zu zeigen, wann sie am kleinsten sind. Denn bei gegebenem Wirkungsgrad muß der Entwurf auch diesem günstigsten Fall zustreben, weil er die größte Leistung der Maschine verspricht. Gelingt es ihm, dem Ideal der Kosten des arbeitenden Materiales und dem Ideal der Verlustaufteilung gleichzeitig in die Nähe zu kommen, dann hat er alles erreicht, was zu erreichen war.

29. Das Verlustgesetz der Joche und der Spulenköpfe. Es gibt nicht nur ein Kostengesetz der Joche und der Spulenköpfe, sondern auch ein Verlustgesetz. Dies ist leicht nachzuweisen. Gerade so, wie man bei feststehenden Jochkosten die Kosten des übrigen arbeitenden Materiales proportional mit der Zahnhöhe und damit mit der Leistung verändern kann, kann man auch die Eisenwärme der Joche unverändert beibehalten, während die übrige Arbeitswärme proportional mit der Zahnhöhe zunimmt.

Derselbe Ansatz wie beim Kostengesetz ist auch beim Verlustgesetz möglich. Die Joche entwickeln V_j kW Wärme, die übrigen arbeitenden Teile $x \cdot V_0$ kW, wenn die Zahnhöhe gleich x ist. Die bezogenen Verluste sind demnach:

$$\frac{V_j + x \cdot V_0}{x^{\frac{3}{4}}}$$

proportional und sie werden am kleinsten, wenn das Joch ein Drittel der Arbeitswärme der übrigen Eisen- und Kupferteile übernimmt.

Das Verfahren ist hier bei den Verlusten nicht so genau, wie es bei den Kosten war. Fast durchwegs ist im Elektromaschinenbau entweder der stehende oder der umlaufende Teil ohne Eisenwärme. Bei der Gleichstrom- und bei der Synchronmaschine gibt es im Polradeisen keine Verluste. Beim Drehstrommotor ist der Läufer fast nur mit Kupferwärme belastet. Die Jocheisenwärme ist deshalb von der Zahnhöhe nicht ganz unabhängig, aber die Ungenauigkeit ist gering. Wenn der Zahn 5 cm hoch ist, ist der Jocheisenring sicher 150 cm lang. Eine Änderung der Zahnhöhe um 1 cm setzt sich in den Verlusten des Joches mit etwa 4% durch. Was hat aber dies angesichts der Unsicherheit der Verlustberechnung zu sagen?

Es darf auch nicht übersehen werden, daß die wirkliche Ungenauigkeit dadurch kleiner wird, daß auch die Zahnbreite ausgleichend eingreift. So kommt es, daß selbst bei der Gleichstrommaschine, die das arbeitende Jocheisen im Läufer hat, wo es für Änderungen der Zahnhöhe empfindlicher ist, das Verlustgesetz der Joche sehr fest steht.

Ganz genau ist die Ableitung des Verlustgesetzes für die Spulenköpfe. Es ergibt sich immer wieder derselbe Ansatz und immer wieder kommt man zu der bekannten Lösung. Das Verlustgesetz der Joche und der Spulenköpfe lautet demnach:

Die Joche und die Spulenköpfe übernehmen im Falle der kleinsten Verluste je ein Viertel der Gesamtarbeitswärme.

Natürlich gelten die beiden Verlustgesetze ebenso allgemein, wie die beiden Kostengesetze. Sie beherrschen alle Baustoffe und lassen sich durch ungleichmäßige Verteilung der Beanspruchungen im Eisen und im Kupfer nicht stören. Sie sind ebenso wichtige Grundgesetze, wie die beiden Kostenaufteilungsgesetze. Eigentlich sind sie ja nur die zweite Form des Gesetzes vom Joch und vom Spulenkopf.

Deshalb trennen auch sie den Maschinenkern ab, deshalb können auch sie auf vier Arten ausgedrückt werden. Man kann offenbar sagen:

Das Jocheisen übernimmt bei der besten Verlustaufteilung ein Viertel der ganzen Arbeitswärme, ein Drittel der Restarbeitswärme, die Hälfte der im Maschinenkern auftretenden Verluste oder ebensoviel wie die Spulenköpfe.

Die beiden Verlustgesetze bekommen eine wirksame Ergänzung im Grundgesetz der Verlustaufteilung auf Eisen und Kupfer. Im Verein mit diesem dringen sie besonders tief in die Geheimnisse der Formenlehre ein. Das Resultat der Lehre der Verlustaufteilung in der elektrischen Maschine ist übrigens so leicht feststellbar, daß wir es hier sofort anführen können.

Wenn auf der einen Seite das Eisen und das Kupfer je die Hälfte der Arbeitswärme übernehmen sollen, andererseits aber das Jocheisen und das Spulenkopfkupfer je ein Viertel zugeteilt bekommen müssen, so hat der Konstrukteur einen vorgeschriebenen Weg. Das große Formengesetz lautet:

> Bei der besten Verlustaufteilung entfällt auf die Joche, auf die Zähne und auf das Polkerneisen, auf die Spulenköpfe und auf das Nutenkupfer je ein Viertel der Arbeitswärme.

Ist das nicht wieder das Prinzip des Ebenmaßes? Ist es nicht wieder die gleiche Einteilung wie bei der idealen Maschine? Mit großer Kraft setzt sich der gerade Sinn der Natur durch, die beste Verlustaufteilung ist gleichzeitig die einfachste.

Eine für die Praxis ungemein wichtige Folgerung des soeben gefundenen Gesetzes ist die Erkenntnis, daß das Zahneisen bei allen Maschinen erheblich mehr Wärme entwickeln muß, als das in ihm liegende Kupfer, wenn das Ideal der Verlustaufteilung halbwegs in greifbarer Nähe liegt. Bei der Synchronmaschine übernehmen z. B. die Ständerzähne ein Viertel der Arbeitswärme, das Nutenkupfer des Ständers und das Erregerkupfer, soweit es zwischen den Polkernen liegt, zusammen das zweite Viertel. So erreicht das Nutenkupfer nur etwa die Hälfte der Verluste in den Zähnen.

Ganz ähnlich liegen die Verhältnisse bei der Gleichstrommaschine. Auch im Ständer des Drehstrommotors tritt die Ungleichheit der Verluste im Eisen und im Kupfer örtlich auf. Aber diese Ungleichheit ist durchwegs im Elektromaschinenbau sehr angenehm; gerade das entlastete Ständerkupfer ist immer stark eingepackt, so daß es nicht leicht seine Wärme durch die Nutenwände abgeben kann. Die Zähne dagegen stehen in leitender Verbindung mit dem übrigen Eisen.

Daß das Jocheisen viel Wärme entwickelt, ist ganz in Ordnung. Es kann sie am leichtesten abgeben. Dasselbe gilt auch von den Spulenköpfen, die ebenso wie das Joch die Wärmeabfuhr auch für die übrigen Teile der Maschine mitübernehmen können.

Man sieht, das Jochgesetz macht keine konstruktiven Schwierigkeiten und das Spulenkopfgesetz auch nicht. Daß sie sich aber gerade mit der Erwärmungsfrage gut vertragen, zeigt nicht nur, daß sie sich organisch in die Baulehre einfügen, sondern auch, daß sie richtige Naturgesetze sind.

30. Die Nebenfragen des Problems der Joche und der Spulenköpfe. Das Kostengesetz und das Verlustgesetz der Joche und der Spulenköpfe widersprechen sich nicht. Das kann man ohne viel Überlegung behaupten. Es ist durchaus möglich, ihre Forderungen gleichzeitig zu erfüllen.

Wie man das erreicht, ist allerdings bereits eine Frage, die nicht mehr in das Problem der Joche und der Spulenköpfe gehört. Die ganze Maschine muß angesehen werden, wenn das neue, wichtige Gesetz der Formenlehre in Angriff genommen wird.

In das Problem der Joche und der Spulenköpfe gehört dagegen noch die Klärung einer Nebenfrage, auf die der nachdenkende Konstrukteur leicht verfällt. Er stellt sich vor, eine Maschine liege vor ihm, bei der die Zahnhöhe und die Eisenkörperlänge richtig bemessen sind. Er denkt dann nach, warum die Maschine nicht noch billiger gemacht werden kann.

Wenn er den Jochquerschnitt oder den Spulenkopfquerschnitt kleiner machen will, sagt er sich nach einiger Überlegung mit Recht, daß er ja hätte von vornherein von den knapper bemessenen Jochen und Köpfen ausgehen können. Aber warum geht er denn überhaupt von diesen beiden Teilen der Maschine aus? Warum setzt er nicht einen Maschinenkern voraus und sucht nicht dazu das richtige Joch und den richtigen Spulenkopf?

Die Antwort darauf ist nicht schwer zu geben. Das billigste Joch und der billigste Spulenkopf zu einem gegebenen Maschinenkern sind durch den kleinsten möglichen Eisen- bzw. Kupferquerschnitt gekennzeichnet. Das so gestellte Problem ist überhaupt keines, denn es bringt die Lösung mit.

Von dieser Lösung ausgehend aber kann man nun die günstigste Zahnhöhe und die günstigste Eisenlänge suchen. Man nimmt daher mit Recht das Joch und den Spulenkopf bereits als gegeben an, wenn man mit der Untersuchung anfängt.

Denkt man immerhin an einen gegebenen Maschinenkern, und sieht nach, durch was für Rücksichten man beim Festsetzen des Joch- und des Spulenkopfquerschnittes gebunden ist, so sieht man, daß beim Eisen fast immer der Magnetisierungsstrom die Grenze setzt. Beim Kupfer hat man in den meisten Fällen durchwegs mit einem Drahtprofil durchzukommen, denn man kann sich nicht auf unzählige Lötstellen einlassen, wenn man in jeder Nut mehrere Stäbe hat.

Bei Stabwicklungen kommen zuweilen verschiedene Querschnitte im Kopf und in der Nut in Betracht. Aber schließlich muß man auch an die Kühlung und an die Verluste denken. Sehr viel Wahl hat man nie, es ist leicht, sich für das Problem der Spulenköpfe und der Joche den Ausgangspunkt zu schaffen.

Fast überflüssig ist es, zu sagen, daß die Länge des Joch- und Spulenkopfkörpers überhaupt nicht geändert werden kann. Beim Joch hat man einen Kreisring von gegebenem innerem Durchmesser vor sich, sobald der Maschinenkern feststeht. Die Spulenköpfe müssen sich in ihrer Länge einerseits nach der Polteilung richten, die vom Maschinenkern vorgeschrieben wird, andererseits bestimmt ihnen die Spannung die Entfernung vom Eisen und damit einen Teil ihrer Länge.

Das Gesetz der Joche und der Spulenköpfe erscheint endlich nach allen Seiten gesichert. Es berücksichtigt alles, was für den Konstrukteur wichtig werden kann. Man kann deshalb beruhigt, von der gewonnenen Grundlage ausgehend, den Aufbau der besten Maschine zu vollenden versuchen, man kann der notwendigen Ergänzung des Grundgesetzes der Verlustaufteilung auf Eisen und Kupfer und der beiden Grundgesetze der Joche und Spulenköpfe nachgehen. Noch ist der Aufbau des Maschinenkernes nicht bestimmt.

V. Das Zahnproblem.

31. Das Problem des Maschinenkernes. Der Kern der elektrischen Maschine stellt ein wichtiges Problem, das anscheinend erst erledigt werden muß, wenn die großen Entscheidungen gefallen sind, das aber in Wirklichkeit mit seiner Lösung das letzte Grundgesetz der Formenlehre aufstellen hilft. Es ist dies das Problem der Aufteilung des arbeitenden Maschinenumfanges auf Zahn und Nut.

Man kann von einer gegebenen Nutenteilung ausgehen. Man rechnet mit gegebener Stromdichte im Kupfer und mit festgesetzter Liniendichte im Eisen. Wie setzt man dann am besten das Verhältnis der Zahnbreite zur Nutenbreite fest?

Das Wort „am besten" ist nicht ganz klar. Wir haben es gelernt, zwei verschiedenen Zielen nachzugehen, dem kleinsten Preis und den kleinsten Verlusten. Auch hier können und müssen wir daher zwischen der billigsten Einteilung und der elektrisch besten unterscheiden. Allerdings, wenn man auf beiden Wegen dasselbe Resultat bekommt, dann kann man auch kurz von der besten Zahn- und Nutenbreite sprechen.

Es ist vor allem beachtenswert, daß das Zahnproblem in das Gebiet des Joch- und des Spulenkopfproblems nicht hineingreift. Das Gesetz der Joche gilt für jedes Verhältnis der Nutenbreite zur Zahnbreite und das Gesetz der Spulenköpfe kümmert sich ebenfalls nicht um die innere Einteilung des Maschinenkernes. Deshalb kann das vorliegende Problem ganz für sich behandelt werden.

Es wird auch am besten ohne Rücksicht auf die bereits entwickelten Forderungen der Formenlehre in Angriff genommen. Später, wenn die Lösung vorliegt, kann die Verbindung mit dem Joch- und Spulenkopfproblem leicht hergestellt werden.

Das Zahnproblem erledigt natürlich auch das Polrad der Gleichstrom- und der Synchronmaschine. Die Polkerne sind ja nichts anderes als sehr große Zähne, das Polrad ist ebenfalls verzahnt, wie der Ständer des Drehstromerzeugers oder wie der Läufer der Gleichstrommaschine. So gelingt es auch hier, den Magnetisierungsstrom auszuschalten und die Theorie einheitlich zu gestalten.

Auf eines muß man sich allerdings beim Zahnproblem gefaßt machen. Einfache Überlegungen mit glatten, richtigen Rechnungen sind hier nicht möglich. Die Gewichtseinheitspreise verlieren gegenüber den Änderungen der Zahnbreite jede Festigkeit. Es ist ein ganz anderer Fall als bei den groben Gestaltänderungen des Jochproblems und des Spulenkopfproblems.

Die Formenlehre muß vorsichtig täuschenden Rechnungen ausweichen. Wenn einfache Schlüsse nicht gezogen werden können, dann muß sie sich in acht nehmen. Jedenfalls aber muß sie die Wirklichkeit überall berücksichtigen, um nicht fehl zu gehen.

Überlegt man sich einmal, wie die Zahnbreite und die Nutenbreite eingreifen, so bekommt man plötzlich ein überraschendes Bild der Wichtigkeit dieser beiden Größen. Der Zahnbreite bleibt offenbar die Jochbreite ebenso proportional wie die Breite des Polkernes, wenn einmal die Liniendichten festliegen. Man kann deshalb ruhig behaupten, daß das Eisengewicht durch die Zahnbreite gemessen werden kann.

Ganz ebenso bestimmt die Nutenbreite das Kupfergewicht. Aber eigentlich muß man von der Nutenbreite erst alles abrechnen, was auf die Nutenisolation und auf die Drahtisolation entfällt. Die reine Kupferbreite kann erst der Zahnbreite gegenübergestellt werden.

Die Zahnbreite ist auch den Verlusten, die im arbeitenden Eisen entstehen, proportional, wie die Kupferbreite der Nut den Verlusten im Kupfer proportional ist. Endlich bestimmen die beiden Breiten den Kraftfluß und die Durchflutung der Maschine.

Man kann den großen Einfluß der Zerlegung der Nutenteilung auf den richtigen Aufbau der Maschine nicht leugnen. Wenn sie die Gewichte und damit die Kosten beeinflußt, andererseits aber auch unmittelbar auf die Verluste einwirkt, so muß sie wichtig sein. Da sie aber auch noch die Leistung der Maschine ändert, kann sie beim Entwurf nicht übergangen werden; das Problem, das sich mit ihr beschäftigt, gehört zu den großen Problemen der Formenlehre.

Wir werden ihm im folgenden nähertreten. Wir werden nachsehen, was die Rücksicht auf den Preis verlangt und wie die Verluste eingreifen. Mit Hilfe von einfachen Überlegungen werden wir auch hier die Geheimnisse der Formenlehre aufdecken können, ohne uns in nutzlosen Rechnungen zu verlieren. Wir werden auch hier sehen, wie der beste Entwurf einem ganz klar erkennbaren Ideal zustrebt, um das sich die Lösungen aller einzelnen Probleme der Formenlehre zusammendrängen. Zu diesem Ideal wollen wir vordringen.

32. Die Aufteilung der wirksamen Nutenteilung mit Rücksicht auf die Leistung. Der Ansatz des Zahnproblems. Wenn man von der Nutenteilung jenen, zuweilen nicht ganz unbedeutenden Bruchteil abrechnet, der ganz tot ist, weil er einerseits der Nutenisolation, andererseits der Drahtisolation zur Verfügung stehen muß, so bekommt man die „wirksame Nutenteilung“. Wenn z. B. die Nutenteilung eines großen Drehstromerzeugers 34,5 mm beträgt und in der Nut, die 15 mm breit ist, Kupferleiter von 7,5 × 7,5 mm liegen, so muß die Formenlehre mit einer wirksamen Nutenteilung von 27 mm rechnen. Je 3 mm gehen nämlich beiderseits des Leiters für die isolierende Hülle der Nut auf, der Rest für die Umspinnung des Drahtes.

Diese wirksame Nutenteilung muß nun möglichst zweckmäßig auf die Zahnbreite und auf die Kupferbreite vergeben werden. Daß der Rest, der die wirksame Nutenteilung auf die tatsächliche ergänzt, von vornherein fest vergeben ist, liegt auf der Hand. Wie hat man vorzugehen, wenn die Stromdichte und die Liniendichte vorgeschrieben sind und möglichst viel aus dem Material herausgepreßt werden soll? Worauf muß man in erster Linie achtgeben?

Wenn man die Kupferbreite auf x mm festsetzt, während die wirksame Nutenteilung über t mm verfügt, so kann man bei einer Liniendichte B und einer Stromdichte i die Leistung der Maschine

$$x\, i \cdot (t - x) \cdot B$$

proportional annehmen. Es kommt daher zunächst darauf an, das Produkt

$$x \cdot (t - x)$$

möglichst groß zu machen, sobald i und B festliegen. Dies erreicht man, wenn man

$$x = \frac{t}{2}$$

macht.

Das Formengesetz, das sich hier leicht und klar ergibt, lautet:

Bei gegebenen Beanspruchungen im Eisen und Kupfer erreicht die Leistung der Maschine den höchsten Wert, wenn die Zahnbreite die Hälfte der wirksamen Nutenteilung übernimmt.

Daß bei dem Streben nach der höchsten Leistung die wirkliche Nutenteilung zuungunsten des Eisens zerlegt werden müßte, liegt klar zutage, die Isolation verschafft der Nutenbreite das Übergewicht über die Zahnbreite. Der Zahn wird dabei gegenüber der Nut natürlich um so schmäler, je höher die Spannung der Maschine ist.

Die ganze Überlegung kann ohne weiteres auch auf die Einteilung der Polräder übertragen werden. Allerdings stößt man hier auf die kleine Schwierigkeit, daß die „Nut“ des Polrades nicht durchwegs die gleiche Breite hat, sondern sich gegen die Radmitte zu verengt. Man muß deshalb mit der mittleren Nutenbreite rechnen, bzw., wenn man für die Erregerspule den rechteckigen Querschnitt beibehalten will, den keilförmigen Zwischenraum, der sich von selbst ergibt, verloren geben (Abb. 4).

Die höchste Leistung als solche ist nun allerdings nicht das richtige Ziel für den Konstrukteur. Wenn sie bei einem gegebenen Preis erreicht wird, dann allerdings bringt sie die kleinsten Kosten und damit einen wirtschaftlichen Erfolg. Ohne Rücksicht auf die Kosten kann sie aber ganz gut einen wirtschaftlichen Mißerfolg bringen.

Es kommt demnach noch darauf an, wie der Preis des Maschinenkernes mit der Kupferbreite der Nut verbunden ist, wenn die Nutenteilung feststeht. Natürlich handelt es sich um Preisänderungen bei bleibendem Rauminhalt des Maschinenkernes. Sie sind im allgemeinen durch die Gleichung

$$y = f(x)$$

gegeben, wenn y der Preis und x die Kupferbreite ist.

Es ist bemerkenswert, daß man nicht gedankenlos den kleinsten Wert von

$$\frac{y}{[x(t-x)]^{\frac{3}{4}}}$$

suchen darf. Mit dem Festlegen des Rauminhaltes sind die Wachstumsgesetze ausgeschaltet. Es handelt sich demnach um den Ausdruck

$$\frac{y}{x(t-x)}.$$

Er bildet den Ansatz des Zahnproblems.

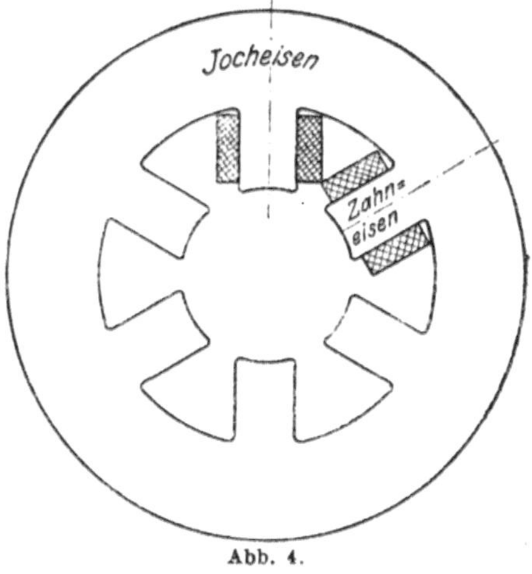

Abb. 4.

33. Die Bedeutung des Ansatzes des Zahnproblems für den wirtschaftlichen Aufbau der ganzen Maschine. Ganz besonders interessant ist die Tatsache, daß der im vorangehenden Abschnitt aufgestellte Ausdruck

$$\frac{y}{x(t-x)}$$

nicht nur für den billigsten Entwurf des Maschinenkernes, sondern auch für den billigsten Entwurf des ganzen arbeitenden Teiles der Maschine maßgebend ist. Dies läßt sich durch eine verhältnismäßig einfache Überlegung feststellen.

Wir denken an eine Maschine, die sowohl dem Kostengesetz der Joche als auch dem Kostengesetz der Spulenköpfe gerecht wird. Von ihrer wirksamen Nutenteilung t entfällt der Teil a auf die Kupferbreite der Nut, der Rest $t - a$ auf die Zahnbreite. Dabei ist der Preis des Maschinenkernes durch die Größe b bestimmt.

Wir ändern nun die Zahnbreite auf $t - x$ und dadurch den Preis des Maschinenkernes auf y. Was geschieht nun? Zunächst ist das Jocheisen

$$\frac{t-x}{t-a} \text{ mal}$$

teurer geworden, weil der Jochquerschnitt der Zahnbreite folgen muß. Andererseits ist auch der Preis der Spulenköpfe im Verhältnis

$$\frac{x}{a}$$

gestiegen. Will man das Preisgesetz der Joche und der Spulenköpfe wieder einhalten, so muß man offenbar die Zähne

$$\frac{b \cdot (t-x)}{y \cdot (t-a)} \text{ mal}$$

länger machen, außerdem aber auch die Länge des Eisenkörpers im Verhältnis

$$\frac{b \cdot x}{y \cdot a}$$

vergrößern.

Der Preis der Maschine kann nach allen Änderungen nach dem Preis des Maschinenkernes beurteilt werden, der bekanntlich halb so groß ist. Der Maschinenkern ist nun offenbar

$$\frac{x \cdot (t-x)}{a \cdot (t-a)} \cdot \frac{b}{y} \text{ mal}$$

teurer geworden.

Gleichzeitig ist allerdings auch die Leistung gestiegen. Durch die Änderung der Zahnbreite zunächst im Verhältnis

$$\frac{x \cdot (t-x)}{a \cdot (t-a)},$$

die Verlängerung der Zähne machte sie

$$\frac{(t-x) \cdot b}{(t-a) \cdot y} \text{ mal,}$$

die Verlängerung des Eisenkörpers

$$\frac{x \cdot b}{a \cdot y} \text{ mal}$$

größer. Sie ist deshalb

$$\left[\frac{x \cdot (t-x)}{a \cdot (t-a)} \cdot \frac{b}{y}\right]^2$$

proportional.

Der bezogene Preis der Maschine wird nach all dem in der Tat am kleinsten, wenn

$$\frac{y}{x \cdot (t - x)}$$

den kleinsten Wert erlangt. Das ist aber wieder der Ansatz des Zahnproblems.

Es ist merkwürdig, wie die Probleme der Formenlehre ineinander greifen. Es ist auch höchst beachtenswert, wie die Maschine immer wieder in ebenbürtige Teile zerfällt, die sich gegenseitig beeinflussen, ohne sich zu stören.

Vielleicht ist gerade das Ergebnis der vorliegenden kleinen Überlegung der beste Beweis für das Bestehen eines Prinzipes des Ebenmaßes in der praktischen Formenlehre. Joch, Spulenkopf und Maschinenkern stehen nebeneinander und können die gleichen Ansprüche vorbringen. Wenn das Joch überlastet ist, kommt ihm sofort der Maschinenkern zu Hilfe. Wenn die Spulenköpfe zu teuer werden, springt ebenfalls der Maschinenkern ein. Auf der anderen Seite tragen Joch und Spulenköpfe willig die Lasten jeder Aufteilung des Maschinenkernes auf Eisen und Kupfer. Jede Entscheidung, die in einem Teil der Maschine fällt, fällt für die ganze Maschine.

Das ist unleugenbar Ebenmaß. Der Konstrukteur, der für dieses innere Leben im toten Stoff nicht Verständnis hat, kann nicht gut entwerfen. Er kann nicht wissen, daß er dem Eisen und dem Kupfer weh tun kann, wenn er sie ungeschickt formt. Der Sinn für das Natürliche ist der Sinn für das Ebenmaß.

34. Die bildliche Lösung des Zahnproblems. Sucht man nach dem Zusammenhang zwischen dem Preis y des Maschinenkernes und der Kupferbreite der Nut x bei gegebenen äußeren Abmessungen des Maschinenkernes, so muß man die Art und Weise berücksichtigen, in der der Maschinenkern entsteht. Es wäre offenbar verfehlt, den genuteten Eisenkörper nach dem tatsächlichen, vorhandenen Eisengewicht zu beurteilen und die Eisenkosten diesem Gewichte proportional zu setzen.

Ohne Zweifel ist der Eisenaufwand in Wirklichkeit von der Zahnstärke ganz unabhängig. Das, was für die Nut aus dem Blech herausgestanzt wird, ist verlorenes Eisen. Es muß aber ebenso bezahlt werden wie das Zahneisen selbst. Es bringt sogar noch die Kosten der Stanzarbeit mit, die nicht zu unterschätzen sind.

Der Kupferaufwand ist allerdings von der Bemessung der Nut stark abhängig, denn er wächst proportional mit der Kupferbreite x. Er ist daran schuld, daß mit kleiner werdender Zahnstärke der Kern der elektrischen Maschine rasch teurer wird.

Wie die Abhängigkeit

$$y = f(x)$$

praktisch für genutete Kerne sehr genau ausgedrückt werden kann, ist nach all dem klar. Man kann mit zwei Konstanten a und b schreiben:

$$y = a + b\,x\,.$$

Um nicht bei einer toten Gleichung zu bleiben, wollen wir gleich nachsehen, welche Bedeutung den beiden Größen a und b zukommt. Leicht erkennen wir, daß a dem Preis des Maschinenkernes entspricht, der ganz aus Eisen besteht. Nicht nur das Kupfer muß in diesem Falle ganz verschwinden, auch das Isolationsmaterial wird durch das Eisen ersetzt.

Die zweite Konstante kennzeichnet die zweite äußerste Möglichkeit. Wenn man die tatsächliche Nutenteilung als Einheit betrachtet, wodurch immer

$$t < 1$$

wird, so hat man unter b den Preis des Maschinenkernes zu verstehen, der ganz aus Kupfer aufgebaut ist. Auch hier gibt es kein Isolationsmaterial mehr.

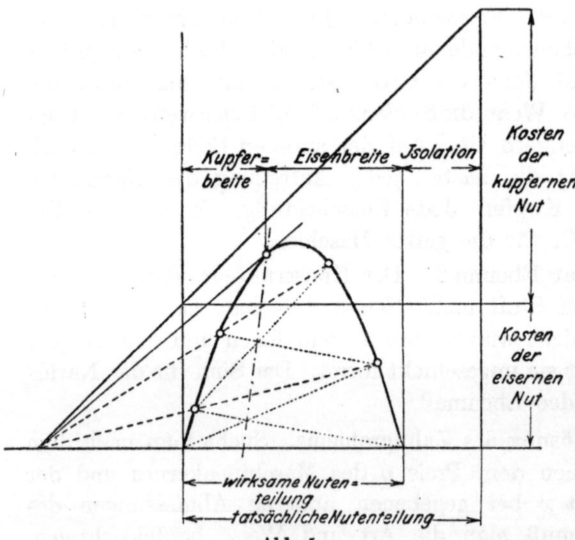

Abb. 5.

Die bildliche Darstellung des Zahnproblemes wird nun außerordentlich anschaulich. In einem Koordinatensystem tragen wir an der Einheit in der Abszissenachse den Preis der Raumeinheit des Eisenbleches (a) und der Raumeinheit des Kupferdrahtes (b) auf (Abb. 5). Sofort ist die Abhängigkeit der Kosten des Maschinenkernes von der Kupferbreite der Nut (x) gegeben. Sie folgt der y-Geraden.

Auf der anderen Seite ist die Leistungsänderung bei verschiedenen Kupferbreiten offenbar durch eine Parabel gegeben. Diese Parabel hat ihren Scheitel über

$$x = \frac{t}{2}\,,$$

sie schneidet die x-Achse bei

$$x = t\,.$$

Für die Behandlung des Zahnproblems ist es einerlei, wie groß man die höchste Ordinate der Leistungsparabel wählt. Die Lösung findet man nämlich immer durch folgendes Verfahren.

Die y-Gerade schneidet irgendwo die x-Achse. Irgendein Strahl, den man durch diesen Schnittpunkt zieht, entspricht einem festen Verhältnis zwischen der Ordinate der y-Geraden und der eigenen Ordinate. Er schneidet deshalb auf der Leistungsparabel zwei Punkte heraus, denen dasselbe Verhältnis zwischen dem Preis und der Leistung der Maschine entspricht. Das kleinste Verhältnis bestimmt jener Strahl, der die Parabel berührt. Er gibt gleichzeitig die Lösung des Zahnproblems.

Das bildliche Verfahren ist tatsächlich überaus anschaulich. Es zeigt vor allem, daß die Kupferbreite der Nut immer erheblich kleiner gewählt werden muß als die Zahnbreite. Sie zeigt sodann, wie die Raumeinheitspreise eingreifen. Endlich läßt sie ganz klar erkennen, wie der Raumbedarf des Isolationsmaterials mitwirkt.

Noch eine Tatsache kann sofort dem Diagramm der Abb. 5 abgelesen werden. Weicht man vom günstigsten Fall ab, so kann man mit gleichem Nachteil die Nutenbreite zu groß oder zu klein annehmen. So kommt es, daß in der Tat in der Praxis erhebliche Unterschiede zwischen den Einteilungen vorkommen.

35. Die rechnerische Lösung des Zahnproblems. Das Ebenmaß. Wenn wir auch noch die Rechnung zu Hilfe nehmen, so setzen wir mit Vorteil:

$$t = 1\,,$$

um den kleinsten Wert des Ausdruckes

$$\frac{a' + b'x}{x(1-x)}$$

zu suchen.

Er kann aus der Gleichung

$$\frac{b'}{a'} = \frac{1-2x}{x^2}$$

herausgerechnet werden.

Jedem Verhältnis der Einheitspreise b' und a' entspricht ein günstigster Teil x der wirksamen Nutenteilung, der für die Kupferbreite in Betracht kommt. Eine einfache Nachrechnung zeigt nun eine ganz bemerkenswerte Tatsache. Ein ganz kleiner Wertbereich kommt nur für x in Betracht, denn $\frac{b'}{a'}$ nimmt mit wachsendem x sehr schnell ab.

Während bei $x = 0{,}3$ die ganz mit Kupfer angefüllte w i r k s a m e Nutenteilung noch 4,44 mal teurer sein muß als die ganz in Eisen gehaltene tatsächliche Nutenteilung, darf sie es bei $x = 0{,}4$ nur noch 1,25 mal sein. Bei $x = 0{,}5$ dürfte das Kupfer überhaupt nichts mehr kosten.

Denkt man an die Materialpreise, wie sie vor dem Ausbruch des Weltkrieges bestanden haben, und berücksichtigt den Unterschied im spezifischen Gewicht, so wird man bei den üblichen Unterschieden zwischen der tatsächlichen und der wirksamen Nutenteilung zu dem Ergebnis kommen, daß die Kupferbreite der Nut ungefähr ein Drittel der wirksamen Nutenteilung einnehmen soll.

Aber selbst wenn man Aluminium statt Kupfer einbaut, kommt man mit der Metallbreite kaum auf 40% der wirksamen Nutenteilung.

Eines leuchtet ohne weiteres ein. Wenn sich im Maschinenkern die Kosten des Eisens und des Kupfers die Wage halten sollen, wenn also auch beim genuteten Eisenkern das unveränderte Prinzip des Ebenmaßes gültig sein soll, muß ein ganz besonderes Verhältnis der Einheitspreise vorliegen, denn wenn

$$b' x = a'$$

sein soll, während andererseits, wie wir gesehen haben,

$$\frac{b'}{a'} = \frac{1 - 2x}{x^2}$$

vom Zahnproblem verlangt wird, so muß

$$\frac{b'}{a'} = 3$$

und deshalb

$$x = \frac{1}{3}$$

sein.

Daß nur unter besonderen Umständen die Kostenaufteilung im Maschinenkern gleichmäßig durchgeführt werden muß, daß also das Prinzip des Ebenmaßes nicht unbedingt herrscht, kann nicht wundernehmen. Die Unvollkommenheit der Arbeitsweise, die darin zum Ausdruck kommt, daß erst Blechtafeln hergestellt werden müssen, aus denen dann die genuteten Scheiben geschnitten werden, kann im Naturgesetz nicht berücksichtigt sein. Sie muß zu einer Verunstaltung des einfachen Bildes der idealen Maschine führen.

Aber die Kraft des Prinzips des Ebenmaßes ist doch so groß, daß unsere normalen Maschinen die gleichmäßige Kostenaufteilung im Maschinenkern sehr oft nicht verleugnen können. Man muß allerdings sagen, daß es ein Zufall ist, daß in Friedenszeiten die wirksame Nutenteilung aus Kupfer ungefähr 3 mal so teuer war wie die tatsächliche Nutenteilung aus Eisen. Man kann auch nicht leugnen, daß das Aluminium ganz und gar nicht berufen ist, das Kupfer zu ersetzen. Merkwürdigerweise zeigt indessen die beste Aluminiumbreite der Nut ein auffallendes Mißverhältnis zwischen den Kosten des Eisens und des Aluminiums.

Nach all dem kann die Formenlehre aus der praktischen Lösung des Zahnproblems nicht den Schluß ziehen, daß das Kupfer und das Eisen im Kern der Maschine gleich teuer sein sollen. Sie sagt lediglich, es kann sein, daß die gleichmäßige Aufteilung unter Umständen das Richtige wird, sogar unter normalen Umständen.

36. Die Nebenfragen des Zahnproblems. Hat man in der Praxis das Zahnproblem vor sich, so gibt es einige Nebenfragen zu erledigen, die hier besprochen werden müssen. Natürlich hat man es immer nur mit der richtigen, sinngemäßen Anwendung der Theorie zu tun, aber zuweilen ist der eigentliche Sinn versteckt, und Fehlgriffe erscheinen nicht ausgeschlossen.

Die Isolation der Nut und der Drähte haben wir berücksichtigt, soweit sie die Kupferbreite der Nut verkleinert hat. Wie aber muß man den Raumverlust in der Richtung der Nutenhöhe berücksichtigen, der doch auch regelmäßig auftritt?

Die Antwort auf diese erste Frage ist nicht schwer. Wenn die Isolationsstärke nicht mit der Kupferhöhe in der Nut zunimmt, bestimmt sie ein Stück des Zahnes, das tot ist und einfach zum Joch gerechnet werden muß, geradeso, wie die Teile der Spule, die den eigentlichen Kopf vom Eisen entfernen, zum Spulenkopf gezählt werden müssen. Da man indessen beim Entwurf die Stabzahl nicht als gegeben betrachten kann, muß man wohl den Teil der Nutenhöhe, der auf die Drahthüllen entfällt, voll zum Zahn rechnen.

Die Folge davon ist natürlich der Umstand, daß beim Bestimmen der besten Zahnbreite tatsächlich in dem einen Extrem nicht mit einem reinen Kupferkörper gerechnet wird, daß demnach ein Füllfaktor eingreifen kann. Das andere Extrem ist übrigens ebenfalls nicht ein reiner Eisenkörper. Die einzelnen Bleche füllen den Raum nicht voll aus, auch hier muß der Füllfaktor berücksichtigt werden.

Die Luftschlitze im Eisenkörper verkleinern den relativen Preis des ganz aus Eisen aufgebauten Maschinenkernes. Die Spule durchsetzt nämlich auch die Luftschlitze, und da deren Anzahl gewöhnlich proportional der Eisenkörperlänge ist, kann man nicht die kleinen Spulenbrücken von Blechpaket zu Blechpaket zu den Spulenköpfen zählen.

Wie kommt es nun, daß trotzdem das entscheidende Verhältnis der wirksamen Nutenteilung aus Kupfer zur tatsächlichen Nutenteilung aus Eisen meist nicht größer wird als 3 : 1? Obwohl auch das spezifische Gewicht des Kupfers nicht unbedeutend größer ist?

Zunächst ist die tatsächliche Nutenteilung immer erheblich größer als die wirksame. Ein 30 prozentiger Unterschied ist nichts ungewöhnliches. Sodann sind die Bearbeitungskosten, die doch auch mitberücksichtigt werden müssen, beim Eisen ziemlich groß. Jede Nut muß aus jedem Blech einzeln ausgestanzt werden. Es ist zwar richtig, daß auch das Wickeln, das Einfädeln der Drähte, viel Arbeit gibt. Aber das Preisverhältnis wird durch das Mitnehmen der Arbeitslöhne doch erheblich verschoben.

Zu guter Letzt setzt sich auch noch der erhebliche Blechabfall durch, der entsteht, wenn die kreisrunden Blechscheiben aus rechteckigen Tafeln herausgeschnitten werden. Er muß dem Zahneisen zweifellos ebenso angerechnet werden wie dem Jocheisen.

Noch eine Frage taucht auf, wenn vom Blechabfall die Rede ist. Wohin zählt die Kreisscheibe, die innen herausfällt, wenn das Ständerblech zugeschnitten wird? Auch zum Abfall? Belastet sie ebenfalls das Zahneisen des Ständers?

Denken wir an einen Drehstrommotor. Kein Zweifel, daß von einem Abfall hier nicht die Rede sein kann; die innere Kreisscheibe kann unmittelbar für den Läufer verwendet werden. Schwieriger hat man es bei kleinen Synchronmaschinen. Man wird zwar leicht auf die Idee verfallen, daß bei richtiger Fabrikation die aus dem Ständer der Synchronmaschine herausgeschnittene Kreisscheibe bei einer Gleichstrommaschine wieder verwendbar sein muß oder als Ständerblech eines Drehstrommotors wieder auftreten kann. Aber die Einwendung bleibt offen, daß noch die Häufigkeit des Bedarfs eine große Rolle spielt. Ist das innere Kreisblech einer Synchronmaschine bei mehreren kleineren Maschinen verwendbar, dann ist es vollwertig. Nur dann braucht der Konstrukteur nicht Zuschläge zum Zahneisen zu machen, das die Kreisscheibe übrigließ.

Aber so viel Voraussicht muß immer gefordert werden. Es geht sehr viel Geld in unnützen Blechabfällen verloren zum Schaden der Industrie, zum Schaden der ganzen Volkswirtschaft. Auf schwere wirtschaftliche Fehler braucht die Formenlehre keine Rücksicht zu nehmen.

37. Das Polrad und das Zahnproblem. Das Polrad ist auch sozusagen verzahnt. Es hat auch einen Maschinenkern. Das Eisen und das Kupfer dieses Kernes können und müssen ebenfalls so verteilt werden, daß der kleinste Preis bei dem größten Produkt der erregenden Durchflutung und des Kraftflusses erreicht wird.

Das Verfahren, das wir beim Bestimmen der besten Austeilung anzuwenden haben, kennen wir bereits. Es ist eine wirksame Polteilung t da. Sie ergibt sich aus der tatsächlichen durch den Abzug des unvermeidlichen Zwischenraumes zwischen zwei benachbarten bewickelten Polen. Der Querschnitt der Erregerspule spielt dabei eine sehr große Rolle.

Wenn bei großen Maschinen einlagige Spulen aus hochkantig gewickeltem Flachdraht verwendet werden, so muß von der innersten

Kante der Erregerspule ausgegangen werden, also von dort, wo die Polteilung am kleinsten ist. Der ganze keilförmige Luftzwischenraum (Abb. 4) ist dann tot.

Die Abhängigkeit des Preises y des bewickelten Polkernes von der Stärke x der Kupferschichte bei gegebener Außenbreite tritt sodann in die Rechnung. Es ist nicht überflüssig, zu sagen, daß für x die beiderseitige Kupferbreite eingesetzt werden muß (Abb. 4). Sie entspricht ja der Kupferbreite der Nut.

Wie ist beim Polrad die Gleichung

$$y = f(x) \; ?$$

Nicht mehr von demselben Aufbau, wie beim genuteten Zahnkörper.

Die Eisenkosten des Polkernes sind nicht mehr immer gleich, sie richten sich nach der Breite des Polkernes. Man kann hier schreiben:

$$y = a(t - x) + b\,x\,.$$

Bei der bildlichen Behandlung des Zahnproblems des Polrades bekommen wir indessen doch wieder eine y-Gerade. Sie fängt wieder mit dem Preise an, den der Polkern annimmt, wenn er ganz aus Eisen ist. Aber diesmal handelt es sich nur um die wirksame Polteilung, die wir wieder als Einheit betrachten können. Dann ist a der Wert der eisernen, b der Wert der kupfernen Polteilung.

Für das Ansteigen der y-Geraden ist nicht mehr der Kupferpreis maßgebend, sondern der Unterschied des Kupfer- und des Eisenraumeinheitspreises. Es sind demnach höhere Werte für x zu erwarten. Aber das Polkerneisen ist billiger als das Zahneisen. Es verursacht nicht soviel Bearbeitungskosten, auch nicht soviel Abfall. Vor allem aber spielt das Verhältnis

$$\frac{b - a}{a}\,,$$

das ganz dem Verhältnis

$$\frac{b'}{a'}$$

des 35. Abschnittes entspricht, keine große Rolle. Die günstigste Kupferbreite der Polteilung bleibt immer praktisch in engen Grenzen.

Es darf nicht außer Acht gelassen werden, daß es einen wichtigen Faktor gibt, der zwar nicht theoretisch, wohl aber praktisch die Verzahnung des Polrades mitbeeinflußt. Es ist dies bei Synchronmaschinen die Nabe des Polrades.

Man kann offenbar unbedenklich den Polkern etwas länger machen und damit die Erregerspule weniger hoch werden lassen, wenn man den Raum nicht voll ausnutzen will. Die Mehrkosten des verlängerten Polkernes bringt man dann nicht nur im Erregerkupfer ein, sondern auch in der Nabe. Sie braucht weniger Eisen, wenn sie nicht mehr so weit ausgreifen muß.

Die Nabe wirkt demnach auf Verkleinerung der Kupferbreite der Polteilung. Deshalb findet man trotz der geänderten Abhängigkeit der Kosten des sich drehenden Teiles des Maschinenkernes von der Kupferbreite doch sehr breite Polkerne. Das tote Material meldet sich ganz schwach zum Wort. Es kann aber berücksichtigt werden, wenn die Maschine dabei gewinnt.

Wenn bei Gleichstrommaschinen das tote Material keinen Einfluß ausüben kann und die Drahtisolation viel Raum in Anspruch nimmt, wird die Lösung des Zahnproblems nicht verleugnet werden können. Hier ist die Drahtisolation bestimmt ein Faktor, der den Preis der kupfernen Polteilung heruntersetzt. Die Windungszahl ist keinesfalls gegeben, deshalb auch nicht der Raumverlust durch Isolation in der Richtung der Polkernachse. Die Erregerspulen der Gleichstrommaschinen können recht hoch aufgewickelt werden. Das hat auch die Praxis bereits herausgefunden.

38. Die Verlustaufteilung und das Zahnproblem. Das Zahnproblem kann und muß auch noch von der anderen Seite angesehen werden, nämlich von der Seite der Energieverluste. Es muß mit seiner Lösung auch dafür sorgen, daß die dauernden Auslagen, die die Konstruktion verursacht, nicht zu groß werden.

Schwer ist es nicht, neben die oben durchgeführte Kostenberechnung auch noch die Verlustberechnung zu setzen. Ein ganz ähnliches Verfahren wie dort ist anwendbar. Aber man braucht es gar nicht, denn das Verlustproblem des Maschinenkernes ist bereits gelöst.

Das Grundgesetz der Verlustaufteilung auf Kupfer und Eisen bestimmt im Verein mit dem Verlustgesetz der Joche und Spulenköpfe die Verlustteilung im Maschinenkern vollkommen. Wir wissen bereits, daß im Nutenkupfer ebensoviel Stromwärme entstehen soll wie im Zahneisen. Wir können daraus ohne weiteres die richtige Zahnstärke bei gegebener Polteilung berechnen.

Es ist bekannt, daß 1 kg legiertes Dynamoblech bei einer Liniendichte von 10000 Kraftlinien/cm^2 und 50 Perioden/sec ungefähr ebensoviel Wärme entwickelt, wie 1 kg Kupfer bei der Stromdichte von 1 A/mm^2. Natürlich sind beiderseits ungewöhnliche zusätzliche Verluste nicht berücksichtigt. Die beiden Beanspruchungen entsprechen aber praktisch einander sehr gut, so daß wir von ihnen ausgehen können.

Solange die Beanspruchungszahlen das Verhältnis 10000 : 1 einhalten, muß das Eisengewicht der Zähne dem Kupfergewicht der Nuten ungefähr gleichkommen, wenn das Verlustgesetz des Zahnproblems eingehalten werden soll. Das käme der gleichmäßigen Aufteilung der wirksamen Nutenteilung auf Eisen und Kupfer sehr nahe.

In der Praxis ist das Verhältnis 10 000 : 1 schon lange überwunden. Es ist mitunter bis 10 000 : 2 vorgedrungen, denn neben 20 000 Kraftlinien/cm^2 in den Zähnen findet man im Kupfer 4 A/mm^2 und darüber. Die wirksame Nutenteilung müßte deshalb schon fast zu $^4/_5$ der Zahnbreite zugute kommen, und noch ärgere Mißverhältnisse wären von den Fortschritten des Elektromaschinenbaues zu erwarten.

Wir dürfen nicht vergessen, daß sich die Eisenwärme des Maschinenkernes entweder nur im Ständer oder nur im Läufer entwickeln muß, während die Kupferwärme verteilt auftritt. Die Zerlegung der Nutenteilung müßte deshalb ganz und gar zu unhaltbaren Verhältnissen führen, wenn 10 000 : 2 das gebotene Verhältnis der Beanspruchungen wäre.

Es ist es glücklicherweise noch nicht oft. Wenn man es aber erreicht, dann kann man offenbar nicht mehr dem Verlustaufteilungsgesetz gerecht werden, dann muß man einfach dem Kupfer den größeren Teil der Verluste zuschieben.

Es ist ungemein beachtenswert, daß normale Verhältnisse oft dieselbe Zerlegung der Nutenteilung verlangen, wie wir sie vom Standpunkte des kleinsten Preises als geboten kennengelernt haben. Ein Drittel der wirksamen Nutenteilung gebührt dann dem Kupfer. Es ist natürlich kein genaues Zusammenfallen der Forderungen zu erwarten, aber das Zusammenstreben ist unverkennbar.

Wir greifen vor. Das Zahnproblem ist erledigt und mit ihm die großen Kosten- und Verlustprobleme der Formenlehre. Das Nebeneinanderstellen der verschiedenen Forderungen, die sich einerseits vom Preis- und andererseits vom Verluststandpunkt aus ergeben, ist nun die weitere Aufgabe. Sie muß uns erst zeigen, was erreichbar ist, wie weit die Wirklichkeit hinter dem Ideal der elektrischen Maschine zurückbleiben muß.

VI. Die Verwertung der Formengesetze.

39. Die Verwertung aller Formengesetze. Wenn der Konstrukteur, der sich nach festen Entwurfgesetzen gesehnt hat, endlich das Grundgesetz der Verlustaufteilung, das Kosten- und Verlustgesetz der Joche und der Spulenköpfe, schließlich das Kosten- und Verlustgesetz des Maschinenkernes vor sich hat, fühlt er sich unbehaglich. Er hat nicht soviel erwartet und sieht nicht, wie er alles verwerten kann. Er will kein Gesetz unberücksichtigt lassen und weiß nicht, wie er allen Forderungen gerecht werden kann.

Es ist in der Tat nicht leicht, alles gleichzeitig zu erreichen. Man kann sich ohne Schwierigkeiten die geringsten Kosten sichern, wenn man das Kostengesetz der Joche und der Spulenköpfe einhält und die Lösung des Zahnproblems verwertet. Man kann auch leicht die geringsten Verluste durchsetzen, wenn man die verschiedenen Verlustgesetze befolgt. Aber die kleinsten Kosten und die kleinsten Verluste sind eine große Forderung. Sie bringen den Konstrukteur in Verlegenheit.

Die Forderung muß indessen gestellt werden. Das Ziel ist immer die höchste Ausnutzung der Baustoffe. Für die Ausnutzung des Eisens und des Kupfers ist aber bei gegebenen elektromagnetischen Beanspruchungen der Preis der Konstruktion ebenso maßgebend wie die Verluste.

Diesen Umstand muß man sich immer vor Augen halten, auch dann, wenn man von gegebenen Verlusten ausgeht. Die kleinsten Verluste verbürgen nämlich bei gegebener Stromdichte und Liniendichte das kleinste reduzierte Eisengewicht und das kleinste Kupfergewicht. Sie gestatten es, im Hinblick auf die vorgeschriebene Arbeitswärme, die ursprünglich angenommenen Beanspruchungen am stärksten zu erhöhen.

Was ist nun zu tun, wenn sowohl die Arbeitswärme als auch die Kosten einer Konstruktion am kleinsten werden sollen? Wie soll der Konstrukteur alle Formengesetze verwerten?

Indem er sie alle befolgt. Das ist gewiß das einfachste Verfahren. Aber es verletzt durch seine Strenge. Man soll nicht unmögliches fordern. Man soll nicht eine theoretische Antwort geben, wenn eine praktisch verwendbare erwartet wird und gegeben werden kann.

Nun, man kann auch sagen, der Konstrukteur soll möglichst allen Formengesetzen gerecht werden. Er soll sich weder von den kleinsten

Verlusten, noch von den kleinsten Kosten zu weit entfernen, er soll den erreichbaren besten Fall herausgreifen. Der Umstand kommt dem gesetzmäßigen Standpunkte sehr zugute, daß alle Extrema der Formenlehre, wie wir noch sehen werden, sehr sanft verlaufen. Er erlaubt offenbar Abweichungen vom Gesetz und legt es nahe, überall die Abweichungen so zu wählen, daß die Gegensätze der Forderungen überbrückt werden.

Zweifellos darf und soll man nicht blind auf die theoretischen Gesetze schwören. Der Ingenieur ist gewohnt, zwischen schweren Forderungen Mittelwege zu suchen und widerstrebenden Kräften den Ausgleich zu verschaffen. Er weiß, daß jenseits der starren Gesetze überall noch das freie Feld der Möglichkeiten liegt. Aber er weiß auch, daß er nur im Notfalle klüger sein muß als die Natur.

Muß man von vornherein Ausgleiche suchen? Gewiß nicht. Erst muß man sich überzeugen, daß die Forderungen tatsächlich unvereinbar sind, daß man also einen Ausgleich wirklich braucht. Man muß nachsehen, ob das Problem der besten Konstruktion durch die Gesetze der Formenlehre wirklich überbestimmt wird.

Die wichtige Vorfrage kann in bekannter Weise erledigt werden. Das Bekannte muß dem Unbekannten gegenübergestellt werden, und die Formengesetze, die bekanntes und unbekanntes verbinden, müssen gezählt werden. Auf diese Art muß es sich herausstellen, ob das Problem des Konstrukteurs bestimmt, über- oder unterbestimmt ist.

Wir sind offenbar dabei, die Maschinen wieder aufzubauen, nachdem wir sie zerlegt haben. Wir suchen die beste Gesamtform, nachdem wir die besten Einzelheiten kennengelernt haben. Wir sind dabei, das Gesetz höherer Ordnung der Formenlehre zu suchen, das Gegenstück zum Prinzip des Ebenmaßes der idealen Maschine.

Ansätze, Andeutungen haben wir im Laufe unserer Untersuchungen öfters angetroffen. Wir konnten immer wieder beobachten, wie alle Einzelforderungen einem gemeinsamen Ziele zustreben. Vor diesem Ziele stehen wir jetzt. Wir müssen es erreichen, um der Formenlehre einen richtigen Abschluß zu geben. Wir müssen es aber auch erreichen, um die Wirklichkeit und das theoretische Bild nebeneinanderstellen zu können.

40. Der Entwurf. Zwei Schwierigkeiten. Auf die Gesetze der wachsenden Maschine gestützt, hat es der Konstrukteur, der eine gegebene Leistung bei gegebenen Verlusten unterzubringen hat, nicht notwendig, mit Leistungskonstanten, Füllfaktoren und Erfahrungszahlen anzufangen. Er hat einen viel leichteren Weg vor sich, er kann entwerfen, ohne sich fürchten zu müssen, daß er eine zu kleine oder eine zu große Maschine bekommt.

Er wählt zunächst irgendeinen Ständerinnendurchmesser. Die Wahl hat keine Unannehmlichkeiten im Gefolge, wenn sie nicht glücklich ist, deshalb braucht sie nicht Kopfzerbrechen zu verursachen. Die Hauptsache ist, daß von irgendeiner Grundabmessung ausgegangen werden kann.

Mit der Bohrung der Maschine ist zunächst die wirkliche Nutenteilung mehr oder weniger gegeben. Aber auch die Festsetzung der Nutenzahl ist ganz und gar unwichtig. Sie kann immer noch verbessert werden. Fest gegeben ist mit der Bohrung die Polteilung und damit ein Anhaltspunkt für die Breite des Jocheisenringes.

Die Spannung der Maschine bestimmt die Stärke der Nutenisolation. Andererseits weiß man es schon ziemlich genau, wieviel Raumverlust die Drahtisolation verursachen wird. Neben der wirklichen Nutenteilung ist deshalb die wirksame bald annähernd bestimmt.

Es ist klar, daß der erfahrene Konstrukteur sehr bald das richtige Verhältnis zwischen der tatsächlichen und der wirksamen Nutenteilung erkennen wird. Er hat es deshalb auch nicht schwer, zu sagen, ob er die Nutenzahl gut gewählt hat, bzw., ob er mit dem gewählten Ständerinnendurchmesser gut auskommt. Aber schließlich kommt es nur darauf an, daß er sich mit irgendeiner wirksamen Nutenteilung zufrieden gibt.

Das Zahnproblem kann dann nämlich sofort gelöst werden. Die Einheitspreise sind bekannt, die Nebenumstände können berücksichtigt werden. So steht zunächst die Einteilung des Innenumfanges des Ständers fest.

Das Kostengesetz des Maschinenkernes ist damit allerdings eingehalten, so bleibt aber noch das Verlustgesetz. Das Eisen und das Kupfer des Maschinenkernes müssen gleichviel Verluste aufbringen. Auch diese Forderung kann berücksichtigt werden. Wie immer man nämlich den Läufer entwirft, immer kommt es auf das Einhalten eines gewissen Verhältnisses zwischen der Stromdichte und der Liniendichte an, das die Gleichheit der Verluste verbürgt.

Die erste Schwierigkeit entsteht beim Entwurf der Joche. Sie müssen einerseits einen Querschnitt bekommen, der dem Zahnquerschnitt der Polteilung angepaßt ist und dabei die Hälfte der Kosten des Maschinenkernes übernehmen. Andererseits fordert das Verlustgesetz gleiche Verluste im Joch und im Zahneisen.

Dem Kostengesetz wird dadurch Genüge geleistet, daß die Zahnlänge im Maschinenkern richtig eingestellt wird. Aber auch die Gleichheit der Eisenteilverluste kann durchgesetzt werden. Nichts hindert uns daran, die Liniendichte im Joch anders anzunehmen, als im Zahneisen.

In der Tat geht der Entwurf auch hier noch glatt weiter. Aber einen Umstand dürfen wir nicht übersehen. Die sich ergebende Liniendichte im Joch muß nicht nur durch die Forderungen der Formenlehre begründet sein. Sie muß auch sonst eine Notwendigkeit darstellen. Das Joch muß so billig sein, daß es nicht mehr weiter verbilligt werden kann.

Damit ist gar nicht gesagt, daß die Liniendichte im Joch sehr hoch sein muß. Im Gegenteil. Der Leerlaufstrom beschränkt gerade die Jochbeanspruchung sehr. Aber er muß immerhin den Entwurf stützen sonst verliert er den Halt.

Es ist kein Zweifel, daß nur der Zufall die kleinsten Kosten und die kleinsten Verluste zusammenbringen kann. Der erste schwache Punkt der Konstruktion wird sichtbar, und das erste Problem steht vor uns. Wir müssen unbedingt nachsehen, ob die Wirklichkeit die Schwierigkeit überwinden kann.

Vorher wollen wir noch unseren Entwurf beenden. Wenn das Joch feststeht, bleiben noch die Spulenköpfe. Damit sie die halben Kosten des Maschinenkernes übernehmen, muß die Länge des Eisenkörpers richtig gewählt werden. Damit aber auch die Verluste die richtige Größe annehmen, müßte auch der Spulenkopfquerschnitt beliebig bestimmt werden können.

Das ist nicht der Fall. Es ist abermals ganz unbestimmt, ob Verluste und Kosten gleichzeitig eingestellt werden können. Das zweite Problem taucht auf, zum zweiten Male müssen wir nachsehen, was die Wirklichkeit sagt.

Sollte es aber der Zufall wollen, daß alles klappt, daß die kleinsten Verluste und die kleinsten Kosten erreicht werden, wobei sowohl das Joch, als auch die Spulenköpfe nicht mehr weiter verbilligt werden können, dann allerdings liegt die ideale, gesuchte Maschine vor.

Nur das Verhältnis der Beanspruchungen ist nämlich beim Entwurf festgestellt worden. Man kann sich demnach noch für eine bestimmte Liniendichte und gleichzeitig für eine bestimmte Stromdichte entschließen. Natürlich wählt man sie so, daß die vorgeschriebenen Verluste herauskommen.

Die angestrebte Leistung wird selbstverständlich auf die angegebene Art im allgemeinen nicht zustande kommen, wenn man von irgendeinem willkürlich gewählten Ständerinnendurchmesser ausgegangen ist. Deshalb müssen die Vergrößerungsgesetze herangezogen werden, damit die Verluste und die Leistung erreicht werden.

Es gibt in der Tat zunächst nur zwei praktische Schwierigkeiten: beim Entwurf des Jocheisens und beim Entwurf der Spulenköpfe. Wenn wir diesen beiden Schwierigkeiten nachgehen, entdecken wir eine Menge von Einzelheiten. Wir lernen die Feinheiten des Elektromaschinenbaues kennen. Vor allem aber bekommen wir die Erklärung für die besonderen Formen, die sich im Laufe der Zeit herausgebildet haben, die durch Versuche gefunden worden sind, während sie von der Formenlehre ohne weiteres angegeben hätten werden können.

41. Ausgleich der Schwierigkeiten. Die Polzahl der elektrischen Maschine. Die Schwierigkeiten, die sich beim Bemessen der Spulenköpfe ergeben, sind leichter und präziser zu erledigen, als die Schwierigkeiten der Joche. Man kann nämlich ganz allgemein angeben, welche Form der Spulenkopf haben muß. Er muß die Polteilung überspannen und muß der Spannung entsprechend einen gewissen Abstand vom Eisen halten. Er muß fast immer denselben Kupferquerschnitt haben, wie der Nutenteil der Spule.

Die letzte Forderung ist ungemein wichtig. Wenn die Stromdichte in der Nut ebensogroß ist, wie im Spulenkopf, so gibt es nur dann im Maschinenkern dieselbe Kupferwärme wie in den Köpfen, wenn das Kupfergewicht beiderseits gleich groß ist. Die Schwierigkeit der Spulenköpfe kann demnach sehr einfach auf den Maschinenkern geschoben werden.

Wenn das Kupfer der Nuten ebensoviel wiegt wie das Kupfer der Spulenköpfe, so können die Spulenköpfe die Hälfte der Kosten des Maschinenkernes übernehmen. Dann aber muß das Zahneisen ebenso teuer sein wie das Nutenkupfer.

Das Problem der Zähne hat uns bereits gezeigt, daß es durchaus nicht notwendig ist, daß im günstigsten Falle diese Forderung erfüllt wird. Sie kann aber erfüllt werden. Es ist ein großer Zufall, daß sie unter normalen Verhältnissen mitunter mit der Forderung des Zahnproblems sehr gut übereinstimmt. Es ist ein Glücksfall für den Elektromaschinenbau, daß die Schwierigkeiten der Spulenköpfe zuweilen von selbst verschwinden.

Ein überraschendes Bild tritt dann auf. Gleiche Kosten für die Spulenköpfe, Nutenkupfer, Zahneisen und Joch! Die beiden Spulengesetze verlangen es, und das Zahngesetz erlaubt es! Aber auch das Kostengesetz der Joche hat nichts einzuwenden. Die Frage bleibt nur noch, ob auch das Verlustgesetz mitgeht, ob die Schwierigkeiten der Joche ebenfalls überwunden werden können.

Dieser Frage werden wir später nachgehen. Hier wollen wir zunächst die praktischen Folgerungen verwerten, die sich aus der Überwälzung der konstruktiven Schwierigkeiten von den Spulenköpfen auf den Maschinenkern ergeben.

Wenn wir immer das Gewicht der Spulenköpfe dem Gewicht des Nutenteiles der Spule gleich halten, müssen wir die Länge des Eisenkörpers kleiner machen als die Polteilung. Der Unterschied entspricht dem Teil des Spulenkopfes, der den Abstand vom Eisen und von den übrigen Köpfen sichert.

Man muß selbstverständlich immer mit der mittleren Polteilung rechnen, wenn man Ständer und Läufer gleichzeitig entwirft. Deshalb kann man von der Bohrung D ausgehen und die Kopflänge bei p-Polen mit

$$\xi \cdot \frac{D \cdot \pi}{p}$$

einführen. So bekommt man für die Eisenlänge l und den Läuferdurchmesser das vorgeschriebene Verhältnis:

$$\frac{D}{l} = \frac{p}{\xi \cdot \pi} .$$

Es ist der Polzahl proportional. Bei 2poligen Konstruktionen müßte die Läuferwalze, wenn $\xi = 1{,}5$ ist, 2,4 mal länger sein als stark, 48polige Maschinen müßten Scheibenkörper mit einem Zehntel des Läuferdurchmessers als axiale Breite sein.

Die Praxis weiß es, sie bildet ihre Motoren und Stromerzeuger so aus. Sie hat schon lange herausgefunden, daß die Polzahl sehr stark eingreift, daß sie beim Entwurf an erster Stelle berücksichtigt werden muß. Die Turbomaschinen weichen nicht nur der Fliehkraft aus, wenn sie sich in axialer Richtung strecken, sie berücksichtigen auch die Formenlehre.

Das Eingreifen der Polzahl ist nicht nur für den Entwurf der Maschine wichtig, deren Polzahl von vornherein gegeben ist. Auch für die Gleichstrommaschine wird es von großer Bedeutung. Wenn man nämlich wählen kann, wird man sich selbstverständlich überlegen, welche Form man für die Läuferwalze am liebsten hat.

Fürchtet man beim Turbogenerator die Fliehkraft, so wird man die Polzahl möglichst klein annehmen. Natürlich wird man immer auch die anderen Vor- und Nachteile der Polzahl mitberücksichtigen.

Maschinen mit ausgeprägten Polen haben wesentlich kleinere Spulenkopflängen, als solche mit wirklicher Nutenwicklung im Ständer und im Läufer. Gleichstrommaschinen werden deshalb bei gleicher Polzahl nicht so lang wie Asynchronmaschinen oder Drehstromerzeuger mit Brownscher Magnetwalze. Sie haben auch deshalb in den Nuten weniger Kupfer als in den dazugehörigen Köpfen, dafür aber zwischen den Polkernen mehr als in den Erregerköpfen. Der Elektromaschinenbau bietet ein buntes Bild. Für den Eingeweihten ist allerdings die Einheitlichkeit unverkennbar, und die Unterschiede sind begründet.

42. Die Kosten des Jocheisens und des Zahneisens. Die Vermittlung der Polzahl. Kann man beim Jocheisen mit denselben Kosten durchkommen wie beim Zahneisen? Gewiß! Man braucht nur die Zähne entsprechend hoch zu machen. Man kann auch die Verluste in den beiden Teilen des Eisenkörpers gleichhalten, wenn man nur die Liniendichte richtig wählt.

Nun, so einfach, wie sich das sagen läßt, ist es indessen nicht abgetan. Man kann nämlich die Zahnhöhe nicht beliebig einstellen, weil die Rücksicht auf die Streuspannung nicht vergessen werden darf, und man kann die Liniendichte nicht beliebig annehmen, weil der Magnetisierungsstrom überwacht werden muß.

Wir denken wieder einmal an den Drehstrommotor. Diesmal brauchen wir allerdings die Nuten gar nicht mitzuberücksichtigen, denn beim Kostenvergleich zählt das ausgestanzte Eisen mit.

Wenn wir zunächst die Stanzarbeit vernachlässigen und nur die Materialkosten in Betracht ziehen, finden wir sofort, wann die Kosten des Joch- und des Zahneisens gleich werden: wenn die Jochbreite der Zahnhöhe ungefähr gleich ist. Die Arbeit, die vom Ausstanzen der Nuten herrührt, erlaubt es deshalb dem Jocheisen, breiter zu werden, als der Kernring.

Wie paßt nun dieses Größenverhältnis zum Stromverlauf des Kraftflusses? Wie entspricht es der Forderung nach gleichen Verlusten im Joch und in den Zähnen? Kann der Konstrukteur damit auskommen und so das Prinzip des Ebenmaßes durchsetzen? Wir werden es sofort sehen.

Die Liniendichte darf im Joch auf keinen Fall höher sein, als in den Zähnen. Von dieser Tatsache kann man ausgehen, wenn man die Breite des Jochringes bestimmt. Deshalb muß aber die Jochbreite noch nicht unbedingt die Summe der Zahnbreiten einer Polteilung erreichen. Im Joch kann sich nämlich der Kraftfluß gleichmäßig ausbreiten, in den Zähnen folgt er noch der sinusförmigen räumlichen Verteilung.

Entfällt auf die Zähne der μte Teil der Nutteilung, so muß die Jochbreite größer sein als

$$\mu \cdot \frac{D \cdot \pi}{p} \cdot \frac{2}{\pi} .$$

Deshalb brauchen auch die Zähne nicht länger zu sein als:

$$2 \cdot \mu \cdot \frac{D}{p} .$$

Aber wer denkt an so hohe Zähne, wie sie sich nach dieser Rechnung für kleine Polzahlen ergeben!

Nun, es ist nicht zu vergessen, daß die Stanzarbeit das Zahneisen wesentlich verteuert und zwar ersichtlicherweise um so mehr, je kleiner die Maschine ist. Wenn z. B. bei einem kleinen Motor, der mit Runddraht bewickelt ist, der Zahn nur 33% der Nutenteilung verlangt und das Zahneisen den doppelten Einheitspreis des Jocheisens erreicht, so wird auch eine vierpolige Ausführung noch das Kostengesetz der Joche einhalten können. Mit:

$$\mu = 0{,}33$$
$$p = 4$$
$$D = 20 \quad \text{cm}$$

hätte man nämlich ohne Rücksicht auf die Stanzarbeit eine Zahnhöhe von 30 mm, mit Einrechnung der Stanzarbeit eine Zahnhöhe von 15 mm anzuordnen. Man wird deshalb die Liniendichte im Joch ermäßigen können und doch noch nicht zu tiefe Nuten bekommen.

Das Jochgesetz ist im allgemeinen bei kleinen Polzahlen nicht durchführbar. Diese Erkenntnis liegt ganz klar vor uns. Es scheitert einerseits an der Streuspannung, andererseits am Magnetisierungsstrom. Bei größeren Polzahlen dagegen kann man ganz gut dem Ideal der elektrischen Maschine sehr nahe kommen.

Bei kleinen Maschinen bringt die Verwendung von Runddraht sehr kleine wirksame Nutenteilungen. Sie übernehmen oft wenig mehr als die halbe tatsächliche Nutenteilung. Natürlich ist dann die Zahnbreite selbst sehr klein und sinkt bis 0,3 der tatsächlichen Nutenteilung herunter. Bei kleinen Maschinen ist aber auch die Bohrung sehr klein. So kommt es, daß das Jochgesetz bei kleinen Leistungen befolgt werden kann.

Große Maschinen verlangen große Polzahlen. Diese Tatsache ist vor allem für Gleichstrommaschinen von großer Bedeutung. Sie drängt zu vielpoligen Konstruktionen. Wenn aber einmal die Polzahl gegeben ist, dann bleibt nur noch der Ausweg übrig, den Durchmesser des Läufers zu verkleinern.

Wir sehen einen Weg zur Entlastung der Joche. Wir können einen Teil der Jochschwierigkeiten auf die Spulenköpfe abschieben. Wenn das Joch zu teuer ist, empfiehlt es sich offenbar, das Nutenkupfer teurer zu machen als das Spulenkopfkupfer.

Der Drehstrommotor erlaubt es nicht, einwandfrei über den ganzen Elektromaschinenbau zu urteilen. Die Maschinen mit ausgeprägten Polen zeigen bedeutend weniger Schwierigkeiten bei der Erfüllung des Jochgesetzes, als die Induktionsmaschinen. Sowohl die Gleichstrom- als auch die Synchronmaschine muß nämlich auf dem Polrad eine erheblich größere Durchflutung unterbringen als auf dem Ständer. Die Polkerne werden deshalb sehr lang und das Polkerneisen teuer.

Gegen die Verlängerung der Polradzähne spricht kein Bedenken. Es eröffnet sich daher tatsächlich die Aussicht auf die ebenmäßige Maschine auch bei verhältnismäßig kleinen Polzahlen. Daß vierpolige Turbomaschinen mit und ohne ausgeprägte Pole, für Gleichstrom und Drehstrom, in synchronen und asynchronen Ausführungen schwer zu behandeln sind, bleibt trotzdem die unangenehme Tatsache.

Ein erheblicher Teil der elektrischen Maschinen läßt indessen die Erfüllung der Forderungen des Kostengesetzes der Joche zu. Er kann das Ideal nicht verleugnen, er ringt sich durch viele Schwierigkeiten durch. In den Grenzgebieten, zu denen offenbar auch das Gebiet der wenigpoligen großen Maschinen gehört, sind selbstverständlich abnormale Schwierigkeiten zu erwarten. Die Natur fügt sich aber nicht ohne weiteres gewaltsamen Anstrengungen, die besonderen Zielen nachjagen.

43. Die Verluste des Jocheisens und des Zahneisens. Gegensätze zwischen den Verlust- und den Kostenforderungen. Gleiche Verluste im Joch- und im Zahneisen bekommt man nur dann, wenn im Joch die Liniendichte bedeutend kleiner ist, als in den Zähnen. Das ausgestanzte Eisen wird für den Preis nicht entfernt, wohl aber für die Verluste.

Wenn der Zahn nur ein Drittel der Nutenteilung einnimmt, muß die Liniendichte der Zähne mindestens 1,732 mal größer sein als die der Joche. Denn das Joch ist auch bei gleicher Liniendichte, wie wir gesehen haben, mindestens ebensobreit, wie die Zähne hoch sind. Gewöhnlich wird der Unterschied noch größer sein müssen.

Das trifft bei der modernen Maschine in der Tat immer zu. Zahninduktionen von 20000 Kraftlinien/cm² sind keine Seltenheiten und Jochinduktionen von 8000 Kraftlinien/cm² sind sehr üblich. Die Praxis hat auch das Verlustgesetz der Joche geahnt und unbewußt befolgt.

Natürlich bedeutet das Verlustgesetz der Joche eine schwere Verschärfung der Konstruktionsschwierigkeiten. Es drängt noch mehr als das Kostengesetz allein zu vielpoligen Ausführungen. Aber unmögliches verlangt es nicht.

Im Beispiel des vorigen Abschnittes haben wir eine notwendige Zahnhöhe von 15 mm für den vierpoligen Drehstrommotor berechnet. Sie entspricht gleicher Liniendichte im Joch und in den Zähnen. Sie entspricht deshalb sechsmal größeren Verlusten im Joch, als im Zahneisen, weil die Zahnhöhe der halben Jochbreite gleich genommen wurde, um die Stanzkosten auszugleichen. Die Zahnhöhe und die Jochbreite müßten deshalb $\sqrt{6}$ mal größer gemacht werden, damit sich die Verluste ausgleichen. So käme man zu einer Nutentiefe von 37 mm, die zwar schon sehr groß, aber nicht unmöglich ist.

Es ist zweifellos sehr schwer, alle Forderungen der Formenlehre zu erfüllen. Wenn ein so kleiner Motor wie der soeben betrachtete erst bei 6 Polen glatt durchgeht, kann der Entwurf eines großen Motors nicht leicht sein.

Wenn aber unüberwindliche Schwierigkeiten auftreten, dann kann man immer einen großen Gegensatz zwischen der Forderung des Kostengesetzes und der Forderung des Verlustgesetzes feststellen. Dieser Gegensatz muß dann nach Kräften überbrückt werden. Zum Teil durch unmittelbaren Ausgleich, zum Teil durch das Abwälzen eines Teiles der Schwierigkeiten auf die Spulenköpfe.

Bei der Gleichstrommaschine hat es der Konstrukteur leichter als bei Maschinen mit vorgeschriebener Polzahl. Er kennt die größte noch zulässige Nutentiefe und kann von ihr aus zurückrechnen. Sie gibt ihm unter Einschätzung der Stanzarbeit die Jochbreite, die das Kostengesetz der Joche erfüllt. Die Polteilung kann er dann so wählen, daß auch das Verlustgesetz stimmt. So gelingt es ihm, das

Prinzip des Ebenmaßes durchzudrücken und eine ideale Maschine zu **entwerfen.**

Es soll damit nicht gesagt werden, daß dieser Weg immer offen steht. Wir haben bereits gesehen, daß die Polzahl auch anderweitig Einfluß nimmt. Wir werden noch weiterhin mit dieser Größe zu tun haben. Deshalb ist man nur berechtigt, zu sagen, daß die Gleichstrommaschine mehr Möglichkeiten offen hat, als die übrigen Maschinen.

Es ist nicht überflüssig, auch noch auf die Rolle der zusätzlichen Verluste hinzuweisen, die diese gegenüber dem Prinzipe des Ebenmaßes im ganzen Elektromaschinenbau einnehmen. In den Zahnköpfen und in den Polschuhen treten starke zusätzliche Verluste auf, die auf die raschen Änderungen des magnetischen Widerstandes an einem gegebenen Ort zurückgeführt werden können. Der Wechsel von Zahn und Nut löst Schwingungen des Kraftflusses aus, denen Wirbelströme im Eisen folgen.

Natürlich erleichtern diese Zusatzverluste den Ausgleich zwischen Joch- und Zahneisen. Aber auch im Joch gibt es zusätzliche Verluste. Der Kraftfluß verteilt sich nicht gleichmäßig über die ganze Jochbreite, die verschiedene Länge der Kraftlinien läßt es nicht zu. So ergibt sich wieder ein gewisser Ausgleich. Den Vorteilen der Zahnkopfverluste stehen die Nachteile der Jochzusatzverluste gegenüber, die Aufgabe des Konstrukteurs bleibt sehr schwer.

Auch im Kupfer gibt es Zusatzverluste. Sie treten vor allem im Nutenteil der Spulen auf und drängen so zur Vergrößerung der Polteilung. Sie werden dabei von der Ungleichheit der Wicklungskosten unterstützt, die ebenfalls für die Nut größer sind als für den Kopf. Es gibt große praktische Widerstände gegen das ideale Ebenmaß.

44. Das Ebenmaß in der Praxis. Die Verwertung der Gesetze der Formenlehre in der Praxis zeigt, wie wir gesehen haben, das Bestreben, die Stromerzeuger und die Motoren ebenso wie die Transformatoren dem Ideal nahezubringen, das alle Formengesetze erfüllt. Das Prinzip des Ebenmaßes ist kein bloßer theoretischer Wunsch, es ist das Leitmotiv des Elektromaschinenbaues.

Das große Konstruktionsgesetz, das dem Prinzip des Ebenmaßes entspricht, zerlegt die elektrische Maschine in vier Teile, die es ganz gleichmäßig behandelt. Der Eisenkörper zerfällt in das Joch- und in das Zahneisen. Er besteht aus einem Teil, der kein Kupfer enthält, und aus einem Teil, der mit dem Kupfer zusammen den einheitlichen Maschinenkern bildet.

Auf der anderen Seite zerfällt der Wicklungskörper in den Nutenteil, also in den Teil, der mit dem Zahn- und Polkerneisen den Maschinenkern bildet, und in die Wickelköpfe. Die Zerlegung der Maschine ist demnach ganz natürlich und sinnfällig.

Wir können dem Hauptgesetz der Baulehre für die elektrische Maschine folgende Form geben:

Die Konstruktionen des Elektromaschinenbaues müssen dem Idealfalle zustreben, in dem das Jocheisen, das Spulenkopfkupfer, das Zahneisen und das Nutenkupfer je ein Viertel der Kosten und der Verluste übernehmen.

Wir haben gesehen, daß in vielen Fällen die Annäherung an das Ideal möglich ist, daß insbesondere kleine und vielpolige Maschinen keine großen Schwierigkeiten machen. Wir haben aber auch gesehen, daß große, wenigpolige Konstruktionen starke Abweichungen vom Prinzip des Ebenmaßes verlangen. Diese zweite Tatsache ist für die Formenlehre ebenso wichtig, wie die erste, denn sie trifft den Großmaschinenbau, den modernsten Zweig unseres Gebietes. Sie muß notwendigerweise berücksichtigt werden, sonst bleibt die Formenlehre unvollständig.

Das Problem der unvermeidlichen Abweichungen vom Hauptgesetz unserer Baulehre muß indessen noch weiter gefaßt werden. Es darf sich nicht nur mit den Schwierigkeiten des Eisenkörpers beschäftigen, obwohl es auch auf diese Art mit allen Einzelgesetzen der Formenlehre zu tun bekommt. Noch eine große Schwierigkeit hat nämlich der moderne Elektromaschinenbau aufgedeckt, eine Schwierigkeit, die wir bereits einmal erwähnt haben.

Die gleichmäßige Verteilung der Verluste im Maschinenkern verlangte immer ein festes Verhältnis der Beanspruchungen im Eisen und im Kupfer. Dieses Verhältnis kann nicht immer eingehalten werden. Heute steht der Konstrukteur sogar sehr oft, ja in der Mehrzahl der Fälle vor der Unmöglichkeit. So bricht eine neue Wunde auf, die der Magnetisierungsstrom der elektrischen Maschine geschlagen hat.

Fügen wir noch die Schwäche hinzu, die im Maschinenkern immer bleibt, weil nur zufällig die Schwierigkeiten der Spulenköpfe durch die Bemessung der Zähne geordnet werden können, so haben wir eine Fülle von Aufgaben vor uns, die wir in das Problem der unvermeidlichen Abweichungen von Ebenmaß zusammenfassen können.

Der erfahrene Konstrukteur fürchtet die Abweichungen nicht, weil er weiß, daß sie nicht sehr gefährlich sind. Die Formenlehre hat aber die Pflicht, zu zeigen, wie sie zur Geltung kommen. Sie kommt so auch zu der Aufgabe, dem Konstrukteur den besten Weg anzugeben, wenn er die Wahl zwischen mehreren Verstößen gegen das Ebenmaß hat.

Wir sehen den Übergang vom theoretischen Bild zur Wirklichkeit. Daß es nichts ganz vollkommenes gibt, wissen wir, daß es kein absolutes Ebenmaß gibt, ist sicher. Der Ingenieur ist gewöhnt, Teile zu opfern, wenn er dem Ganzen nachgeht. Er rechnet überall mit Wirkungsgraden. Es ist natürlich, daß ihn auch der Grad der Ebenmäßigkeit interessiert, der ihm erreichbar ist.

VII. Nachteile der Abweichungen vom Ebenmaß.

45. Das Problem der Abweichungen von den Formengesetzen. Hat sich in einem gegebenen Falle der Konstrukteur mit der Tatsache abgefunden, daß ihm die ideale, ebenmäßige Maschine nicht gelingen kann, so muß er sofort die Aufgabe in Angriff nehmen, den Schaden, der in Wirklichkeit zum Teil nur eingebildet ist, möglichst klein zu machen.

Es ist natürlich, daß man trotz der oft auftretenden Unmöglichkeit, alle Vorteile des ebenmäßigen Aufbaues auszunutzen, doch versuchen wird, möglichst gut durchzukommen. Man wird daher die erreichbaren Vorteile zu sichern trachten. Die erste Frage taucht von selbst auf. Ist es geboten, das Ebenmaß dort, wo es voll durchführbar ist, anzustreben und nur einen schwachen Punkt mit einer großen Abweichung vom Ideal zurückzulassen, oder empfiehlt es sich, den Fehler zu verteilen? Ist ein großer Nachteil günstiger als mehrere kleine oder ungünstiger?

Es ist natürlich unmöglich, eine Antwort zu geben, bevor das Gesetz bekannt ist, nach dem sich jede einzelne Nichtbefolgung der Formenlehre rächt. Es ist schwer, ein Urteil über den günstigsten Fall abzugeben, solange die Nachbarschaft, die weniger günstigen Fälle, nicht übersehen werden können.

Deshalb erscheint es aber vor allem notwendig, den Gesetzen der Abweichungen nachzugehen. Jedes einzelne Formengesetz, jede der bereits durchgeführten Betrachtungen muß noch einmal herangezogen werden. Der günstigste Fall, das vom Formengesetz bezeichnete Ideal, muß zum Mittelpunkt einer neuen Untersuchung gemacht werden, die den gewünschten Überblick zu verschaffen hat.

Für dieses neue Problem der Abweichungen vom Ebenmaß müssen selbstverständlich von vornherein Richtlinien festgestellt werden. Der Konstrukteur muß wissen, woran er sich zu halten hat, wenn er einmal den Boden des Gesetzes verliert. Er muß ein Maß für die Schädlichkeit der verschiedenen Abweichungen haben, damit er sie aburteilen kann.

Die zweite Frage, die hier vor uns liegt, ist nur eine Vorfrage. Sie kann sofort erledigt werden, weil sie etwas berührt, das schon lange für die Formenlehre feststeht. Es ist selbstverständlich, daß die Leistung der Maschine immer festgehalten werden muß, und daß die Abweichungen nach den Änderungen des Preises und der Verluste beurteilt werden können. Der Preis ist bei vorgeschriebenen Verlusten die maßgebende Größe. Ob nun die Rechnung den Preis selbst verfolgt, oder aber den bezogenen Preis, hängt ganz davon ab, ob die Gesetze der wachsenden Maschine eingreifen können oder nicht, ob also die Abmessungen geändert werden können oder aber festliegen.

Die kleinsten Verluste, bzw. die kleinsten bezogenen Verluste, müssen immer dann beachtet werden, wenn die Beanspruchungen im Eisen und im Kupfer nicht festgesetzt sind, sondern erst nachträglich der vorgeschriebenen Arbeitswärme entsprechend geändert werden können.

Wir haben mit einem Wort das gleiche Feld vor uns, wie seinerzeit bei der Entwicklung der Formengesetze. Wir müssen auch denselben Weg gehen oder vielmehr den schon dort zurückgelegten Weg fortsetzen.

Man hat es nicht notwendig, fallweise die Nachteile der Abweichungen auszurechnen. Es lassen sich vielmehr sehr einfache Formeln für jedes einzelne Formengesetz angeben, die das ganze Gebiet übersehen lassen, die auch schwierigere Rechnungen zu führen gestatten.

Die Rechnungen unserer Formenlehre sind wirkliche, vollwertige Rechnungen, weil sie allen Fehlerquellen ausweichen, alles berücksichtigen und in Kleinigkeiten nicht zersplittert werden. Gegen die Ermittlung der besten Verlustaufteilung auf Eisen und Kupfer läßt sich nichts einwenden. Deshalb bleibt auch die Ermittlung der weniger guten Verlustaufteilungen einwandfrei. Die Ableitung des Joch- und des Spulenkopfgesetzes ist so durchsichtig und klar, daß sie keine Irrtümer bringen kann. Die Ableitung der Bewertungsformel für nicht ganz entsprechende Joche und Spulenköpfe kann aus diesem Grunde nicht fehlgehen.

Wir haben die Formengesetze der Reihe nach zu erledigen. Mit dem Grundgesetz der Aufteilung der Verluste auf Eisen und Kupfer fangen wir an und lassen das Gesetz der Joche und der Spulenköpfe folgen. Auch das Zahnproblem darf nicht übergangen werden. Im Gesamtbild, das den Konstrukteur immer beschäftigt, darf keine Einzelheit fehlen, kein Teil vernachlässigt werden. Das Prinzip des Ebenmaßes erinnert an die Möglichkeit, daß auch in der Unebenmäßigkeit Ebenmaß verlangt wird.

46. Die Abweichungen vom Verlustaufteilungsgesetz. Wir denken an eine gegebene Maschine. Wir können bei der Verlustabrechnung mit einem bekannten, festgesetzten reduzierten Eisengewicht G_e', ebenso mit einem gegebenen reduzierten Kupfergewicht G_k' rechnen. Wir wissen, daß wir bei vorgeschriebener Arbeitswärme dann die größte Leistung erreichen, wenn wir die Stromdichte i und die Liniendichte B so wählen, daß das Kupfer und das Eisen je die Hälfte der Verlustlast übernehmen.

Bei Abweichungen vom Grundgesetz der Verlustaufteilung wird das Gleichgewicht zwischen der Eisen- und der Kupferwärme gestört. Wie ändern sich nun die Gesamtverluste des abreitenden Materials, wenn bei unveränderter Leistung die Verluste in Kupfer ψ mal größer gemacht werden als die Verluste im Eisen?

Die Rechnung hat von den beiden Gleichungen:

$$\frac{i^2}{B^2} = \psi \cdot \frac{k_e G'_e}{k_k G'_k}$$

und

$$i^2 \cdot B^2 = K \, ,$$

deren zweite das Festhalten der Leistung anzeigt, auszugehen. Sie bestimmt aus ihnen zunächst die Kupferwärme zu:

$$i^2 \cdot k_k G'_k = \sqrt{\psi \cdot K \cdot k_e \cdot k_k \cdot G'_e G'_k}$$

und damit die Gesamtverluste:

$$V = \left(1 + \frac{1}{\psi}\right) i^2 \cdot k_k \cdot G'_k = \left(\frac{1 + \psi}{\sqrt{\psi}}\right) \sqrt{K \cdot k_e \cdot k_k \cdot G'_e \cdot G'_k} \, .$$

Bei der günstigsten Anordnung ist:

$$\psi = 1$$

und deshalb

$$V_0 = 2 \cdot \sqrt{K \cdot k_e \cdot k_k \cdot G'_e G'_k} \, .$$

Wir müssen:

$$\frac{1 + \psi}{2\sqrt{\psi}} \text{ mal}$$

größere Gesamtverluste im arbeitenden Material erwarten, wenn wir das Kupfer ψ mal stärker belasten als das Eisen.

Was zeigt uns das einfache Resultat? Daß verhältnismäßig große Abweichungen die Verluste nur um wenige Prozente vergrößern (Abb. 6). Wenn die Kupferwärme zweimal größer ist als die Eisenwärme, steigt die ganze Arbeitswärme um 6%, wenn sie nur um 50% überwiegt, um 2%. Der Schaden erscheint nicht groß.

Er darf indessen nicht leicht genommen werden. Wir sind heute darauf angewiesen, nur ganz kleine Fortschritte zu machen. Wir müssen ein Prozent zum anderen legen und daraus einen Erfolg aufbauen. Sechs Prozent sind sehr viel, zwei beachtenswert. Die Maschinen sind für Änderungen in der Verlustaufteilung nicht empfindlich, dafür empfinden wir jeden kleinen Verlust schwer.

Eben deshalb, weil große Abweichungen vom Verlustgesetz nur kleine Änderungen der Leistung verlangen, und weil wir mit kleinen Erfolgen zufrieden sind, verlassen wir indessen merkwürdigerweise heute die vorgeschriebene Verlustaufteilung. Wir können mit der Liniendichte der Stromdichte nicht folgen, wenn die Verbesserungen der Kühlung eine Erhöhung der Verluste gestatten. Wir nützen den gewonnenen Spielraum mit der Stromdichte allein aus und nehmen den sich so ergebenden Schaden mit. Er ist eine bittere Beigabe, denn die Verbesserungen der Kühlung sind nie sehr bedeutend, und die Vergrößerung der Verluste vermindert auch bei bester Aufteilung noch den Erfolg. Sechs Prozent sind nicht viel, wenn sie aber mühsam errungene 10% auf vier verkleinern, dann werden sie sehr bedeutend, sehr, sehr ernst.

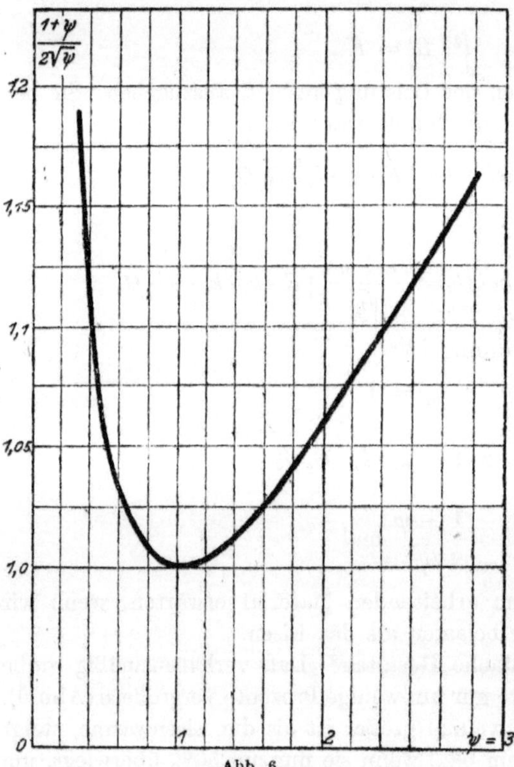

Abb. 6.

Wir sehen uns nochmal die Abb. 6 an. Sie hält uns unleugbar die wichtige Tatsache vor, daß die Nachteile der Abweichungen von der günstigsten Verlustaufteilung mit der Größe der Abweichung sehr schnell zunehmen. Zu $\psi = 2$ gehört eine Leistungsverminderung um 6%, zu $\psi = 4$ um 25%, bei gleichbleibenden Verlusten.

Die Formenlehre warnt vor großen Entstellungen. Sie bestraft arge Verletzungen ihres Grundgesetzes. Sie nimmt auch nicht die Entschuldigung des Zwanges zur Kenntnis. Dem Konstrukteur, der sich zu einer sehr ungleichmäßigen Verlustaufteilung entschließen will, legt sie nahe, sich zu überlegen, ob er nicht anderswo auch noch einen Ausweg findet.

Die Abb. 6 zeigt deutlich, wie fest das Gesetz der Verlustaufteilung verankert ist. Es verträgt Stöße und Störungen. Es verlegt nicht eigensinnig den Weg des Fortschrittes. Aber es zieht Grenzen und übt einen starken Druck auf den Entwerfenden aus. Immer muß der Blick des suchenden Konstrukteurs auf dem Diagramm der Abb. 6 ruhen. Dem wirtschaftlichen Entwurf zeigt es den richtigen Weg.

47. Praktische Rücksichten der Verlustaufteilung. Die Abweichungen von der günstigsten Verlustaufteilung sind nicht immer erzwungen. Sie sind nicht immer der einzige Ausweg, wenn ein Fortschritt ausgenutzt werden soll. Sie werden sehr oft verlangt, wenn die Wirtschaftlichkeit des Betriebes einen Unterschied zwischen der Eisen- und der Kupferwärme zu machen gezwungen ist.

Unsere Maschinen laufen alle mit praktisch feststehender Spannung. Nur einige wenige Bauarten verändern im Betrieb wirklich die Stärke des Kraftflusses. Deshalb ist die Eisenwärme durchweg eine fest gegebene Betriebsgröße und von der Belastung so gut wie unabhängig. Die Stromwärme schwankt sehr stark mit dem Strom und damit mit der Belastung der Maschine. Sie hat aus diesem Grunde eine ganz andere Bedeutung für den Betrieb. Sie ist der veränderliche Teil der Verluste, während die Eisenwärme mit den Verlusten der Luft- und der Lagerreibung zusammen den unveränderlichen Teil gibt.

Wenn nun ein Betrieb der Maschine verschiedene Belastungen bringt, wenn nur die Spannung steht, der Strom dagegen schwankt, kommt der Unterschied zwischen den veränderlichen und den unveränderlichen Verlusten zur Geltung, und der Betrieb muß ihn beachten. Die Verlustaufteilung kommt auf diese Art in den Machtbereich des Käufers der Maschine.

Zwei Fälle müssen unterschieden werden. Wenn das Eisen und das Kupfer nur gleichzeitig arbeiten, kommt nur die Schwankung der Leistung zum Wort. Wenn aber die Eisenbelastung ohne Kupferbelastungen auftreten kann, wenn es also Leerlauf gibt, dann spielt auch noch der verschiedene Wert der einzelnen Verluste eine Rolle.

Theoretisch ist natürlich der Leerlauf nur eine besondere Belastungsstufe. Die beiden angeführten Fälle fallen demnach theoretisch eigentlich zusammen. Aber praktisch ist ein bedeutender Unterschied vorhanden, denn das im Eisen vernichtete Kilowatt kann unter Umständen einen ganz anderen Wert bekommen, wenn es allein auftritt, als in Gemeinschaft mit einem Stromkilowatt.

Bei Motoren und bei Stromerzeugern legt man sehr oft Wert darauf, daß sie bei allen Belastungen einen annehmbaren Wirkungsgrad behalten. Das erreicht man offenbar damit, daß man bei der höchsten Belastung die Verluste im Kupfer überwiegen läßt. Bei fallender Leistung nähert man sich dann zunächst der gleichmäßigen Aufteilung, die dem günstigsten Wirkungsgrad entspricht, um dann erst wieder bei noch geringeren Belastungen dem Abfallen des Wirkungsgrades ausgesetzt zu sein.

Wir sehen, daß der Betrieb in dem ersten Fall, der keinen Leerlauf kennt, die Kupferwärme gern überwiegen sieht. Er hat sogar gegen große Verschiebungen der günstigsten Verlustaufteilung nichts einzuwenden. Die Stromwärme fällt ja mit dem Quadrat der Belastung, deshalb ist der höchste Wirkungsgrad schon bei kleinen Entlastungen erreicht. Man darf auch nicht übersehen, daß in der Wirkungsgradkurve die Verluste der Luft- und der Lagerreibung den Verlusten des Eisens zu Hilfe kommen.

Transformatoren laufen nicht nur mit sehr verschiedenen Belastungen, wenn sie Lichtnetze zu speisen haben, sondern sehr oft und sehr lange ganz leer. Die Eisenwärme verursacht deshalb auch, wenn sie kleiner ist als die Kupferwärme, größere Betriebsnachteile.

Das Problem des Jahreswirkungsgrades ist im Transformatorenbau bekannt. Seine Lösung verlangt das Überwiegen der Verluste im Kupfer. Ja, die Praxis übertreibt sehr häufig die Nachteile der dauernden Leerlaufverluste und strebt unmäßige Verlustaufteilungen an.

Die Formenlehre hat natürlich mit den wirtschaftlichen Fragen des Betriebes eigentlich nichts zu tun. Sie hat sich nicht um das Wirkungsgradproblem der schwankenden Belastung zu kümmern und braucht nicht dem Problem des Jahreswirkungsgrades nachzugehen. Aber sie nimmt mit Interesse zur Kenntnis, daß Abweichungen vom Grundgesetz der Verlustaufteilung dem Betriebe nicht unangenehm sind, wenn sie dem Kupfer den größeren Teil der Verlustlast zuschieben.

Das Diagramm der Abb. 6 bekommt für den Konstrukteur eine etwas andere und, wir wollen es gleich sagen, günstigere Färbung, wenn die Wirtschaftlichkeit des Betriebes ein wenig mitsprechen darf. Das Diagramm soll aber auch dem eigensinnigen Käufer, der um jeden Preis dem Konstrukteur Vorschriften machen will, vorgehalten werden. Übertriebene Wünsche kosten Geld. Der hohe Preis der Spezialkonstruktionen zeigt nicht nur den Widerstand des sich wehrenden Konstrukteurs. Die Formenlehre setzt sich ebenfalls durch und verlangt die Geldstrafe für die Gesetzesübertretung.

48. Die Abweichungen vom Gesetz der Joche und der Spulenköpfe. Die Abweichungen vom Jochgesetz, denen wir uns nun zuwenden müssen, sind für den Konstrukteur nicht weniger wichtig, als die Abweichungen vom Verlustgesetz. Nur zu oft ist man gezwungen, das Joch teurer zu machen als ein Drittel des Maschinenrestes.

Macht man es ψ mal teurer, so kann man offenbar die Zähne ψ mal kürzer halten, als im günstigsten Falle. Selbstverständlich bekommt man hierdurch eine ψ mal kleinere Leistung und einen ψ mal billigeren Rest der Maschine. Der bezogene Preis wird deshalb

$$\frac{1}{4} \cdot \left(1 + \frac{3}{\psi}\right) \cdot \psi^{\frac{3}{4}} \text{ mal}$$

oder

$$\frac{3 + \psi}{4\,\psi^{\frac{1}{4}}} \text{ mal}$$

größer.

Das ist das Schadengesetz des Joches. Aber es gilt noch viel allgemeiner. Auch für unrichtige Einstellungen der Verluste im Joch bekommt man genau den gleichen Ausdruck, weil man die gleiche Überlegung anstellen muß. Die Abweichungen vom Kostengesetz der Spulenköpfe haben dieselben Folgen und unrichtige Verluste im Spulenkopfkupfer ebenfalls.

Vier wichtige Gesetze der Formenlehre sind damit mit einem Schlage erledigt. Ein gewaltiger Vorteil für den Konstrukteur, dem die Übersicht bedeutend erleichtert wird, wenn er nur einen Ausdruck zu überwachen bekommt, während er auf vier gefaßt sein mußte!

Was ist nun das Ergebnis der Untersuchung? Sind auch die Überschreitungen des Joch- und des Spulenkopfgesetzes erlaubt und deren Folgen erträglich? Bekommt auch von dieser Seite der Konstrukteur so viel Spielraum, daß er bei wenigpoligen Konstruktionen, bei seinen ganz großen, schnellaufenden Maschinen durchkommt?

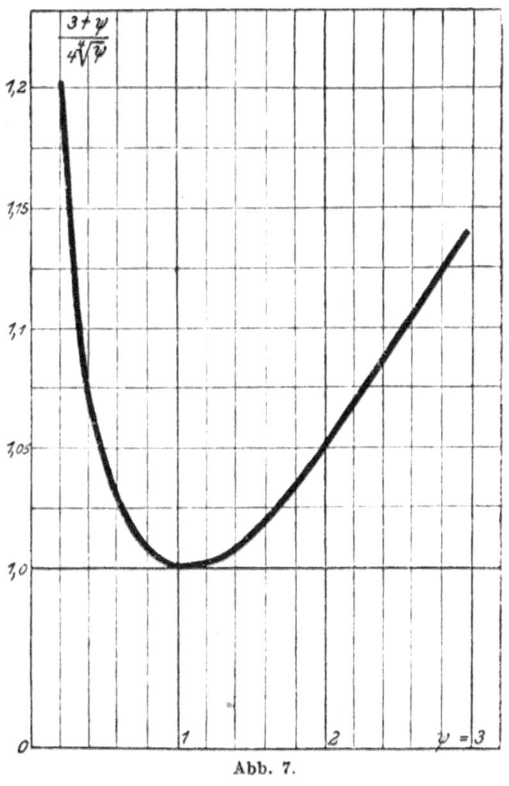

Abb. 7.

Die Abb. 7 gibt uns die gewünschte Antwort. Sie lautet sehr ähnlich wie die Antwort auf die Frage, wie ungleichmäßige Aufteilungen der Verluste auf den Wert der Maschine zurückwirken. Kleinere Verstöße gegen das Gesetz sind offenbar ungefährlich, gröbere rächen sich schwer.

Wenn man das Jocheisen noch einmal so teuer macht, wie man eigentlich sollte, so verteuert man die Maschine um 5%. Gewiß opfert man 5% nicht gern, weil man sie nur schwer erringt, weil man in einer 5 prozentigen Ersparnis schon einen bedeutenden Erfolg erblicken kann. Aber was bleibt sonst übrig, wenn die Polzahl klein und die Maschine groß ist?

Man sieht zuweilen ärgere Verstöße gegen das Gesetz der Joche und der Spulenköpfe. Aber man kann nicht ohne Mißtrauen Forderungen anerkennen, die dem Jocheisen dieselben Kosten zuweisen wollen, wie dem ganzen übrigen Rest des wirksamen Materials. Man sieht doch, daß

$$\psi = 3$$

eine fast 14prozentige Verteuerung bringt. Sie muß irgendwie umgangen werden.

Wenn der doppelte Preis des Jocheisens 5% im Gesamtpreis vernichtet, bringen die doppelten Verluste, also zwei Drittel der restlichen Arbeitswärme statt eines Drittels, eine Vergrößerung der Gesamtarbeitswärme um 5%. Man sollte nun doch glauben, daß der Spielraum bis zu den doppelten Kosten und bis zu den doppelten Verlusten genügt. Er fordert im ganzen 10%, das dreimal verstärkte Joch verschlingt nur in der Kostenrechnung 14%.

Hier schon sieht man, wie wohltätig das gleichmäßige Verteilen der Abweichungen wirkt. Das Problem der Joche besteht für den Konstrukteur im Abgleichen der zu großen Kosten und der zu großen Verluste. Vergrößert man den Jochquerschnitt, so erhöht man die Kosten und verkleinert die Verluste. Man muß dabei offenbar auf dem halben Wege stehenbleiben.

Die Abb. 7 zeigt auch für die Abweichungen vom Joch- und vom Spulenkopfgesetz die Tatsache, daß mit wachsender Größe der Abweichung der Schaden sehr schnell größer wird. Es macht sich wiederum die Zähigkeit der Natur geltend, die ihre Gesetze verteidigt. Sie ist nachgiebig, wenn es sich um berechtigte Forderungen handelt, wenn sie dem Entwerfenden Raum zur Arbeit geben muß, aber der Unkenntnis und der Nachlässigkeit gegenüber tritt sie schonungslos auf.

Das Diagramm der Abb. 7 muß neben das Diagramm der Abb. 6 gestellt werden. Es muß gleichzeitig mit diesem beobachtet werden, wenn die letzten Entscheidungen des Entwurfes fallen. Es ist wie dieses ein außerordentlich wichtiges Ergebnis der Formenlehre.

49. Die Abweichungen von der besten Aufteilung der wirksamen Nutenteilung. Bei der Behandlung des Zahnproblems haben wir gesehen, wie klein der Bereich der praktisch in Betracht kommenden Kupferbreiten der Nut ist. Dies hat gewiß seine Vorteile, denn es macht dem Konstrukteur die Wahl nicht schwer, andererseits aber macht es die Raumausteilung im Maschinenkern von den Preisschwankungen ziemlich unabhängig.

Es hat aber auch seine Nachteile, die nicht übersehen werden dürfen. Wenn man daran denkt, die Schwierigkeiten, die sich bei der Befolgung des Spulenkopfgesetzes ergeben, auf den Maschinenkern abzuwälzen, dann wünscht man sich Spielraum und fühlt sich in den engen Grenzen unbehaglich.

Auch die Abweichungen vom Zahngesetz haben eine große praktische Bedeutung. Sie müssen ebenfalls von der Formenlehre überwacht werden.

Auch für sie muß ein Diagramm aufgestellt werden, das den Konstrukteur warnt und zur Geduld mahnt.

Wir haben es nicht notwendig, beim Zahnproblem erst die Rechnung durchzusehen und dann auf dem Umwege über eine Formel zum Diagramm zu gelangen. Wir haben auch hier nicht die Möglichkeit, einfach und durchsichtig zu rechnen. Deshalb wählen wir auch diesmal das abgekürzte Verfahren, wie wir es bereits einmal gewählt haben, und kehren wieder zur Zeichnung der Abb. 5 zurück.

Sie sagt uns alles, was wir wissen wollen. Sie zeigt nicht nur den günstigsten Fall an, sie läßt auch die Folgen der Abweichungen klar übersehen. Dasselbe Verfahren, das uns seinerzeit zur besten Lösung geführt hat, führt auch zu den minder guten Lösungen.

Drehen wir den Strahl, der, die Parabel berührend, die günstigste Kupferbreite der Nut angibt, so bekommen wir je zwei gleich gute, d. h. je zwei gleich schlechte Punkte auf der Leistungsparabel. Die dazugehörigen Kupferbreiten weichen anfänglich stark von der besten ab, dann aber folgen die Werte knapp aneinander, während der bezogene Preis schnell abnimmt.

Es wiederholt sich immer wieder dasselbe Bild. Kleine Abweichungen schaden nicht viel, große rächen sich schwer. Der Konstrukteur hat seinen notwendigen Spielraum, aber er hat keine Freiheit, wenn er leichtsinnig entwirft. Das Gesetz ist fest, und Übertretungen werden bestraft.

Das Eigentümliche des Zahnproblems ist das Fehlen eines allgemeingültigen Gesetzes der Abweichungen. Man kann offenbar nicht eine Kurve ähnlich wie beim Verlustaufteilungsgesetz oder beim Gesetz der Joche und der Spulenköpfe aufstellen und danach immer urteilen. Jeder besondere Fall, jede besondere Zusammenstellung der Einheitspreise, des Preises der eisernen und des Preises der kupfernen Nutenteilung hat ein eigenes Diagramm.

Davon überzeugt man sich ganz leicht, wenn man sich nochmals die Abb. 5 ansieht. Der Schnittpunkt der y-Geraden bestimmt nicht nur die beste Kupferbreite der Nut, sondern auch das besondere Diagramm der Abweichungen von der Lösung des Zahnproblems.

Das richtige Diagramm der hier in Frage stehenden Abweichungen ist offenbar das Diagramm der Abb. 5. Es kann jederzeit den besonderen Werten der Einheitspreise angepaßt werden und gibt immer deutlich die Folgen an.

Eines zeigt sich für alle Fälle deutlich an. Je kleiner das günstigste Verhältnis der Kupferbreite der Nut zur wirksamen Nutenteilung ist, um so mehr sind noch kleinere Kupferbreiten gefährlich, während Überschreitungen des günstigsten Wertes immer ungefährlicher werden.

Diese Tatsache kann als das Bestreben gedeutet werden, eine gewisse Einteilung immer durchzulassen, auch wenn die Teilpreise zu schwanken beginnen. Der Konstrukteur kann sie zu seinem Gunsten so auslegen, daß ihm immer wieder das Festhalten an einem gewissen Verhältnis zwischen dem Preis des Nutenkupfers und dem Preis des Zahneisens gestattet ist. Er darf daraus schließen, daß er nicht fehlgeht, wenn er immer wieder die Schwierigkeiten, die sich beim Entwurf der Spulenköpfe einstellen, auf den Maschinenkern abschiebt.

Aber das Diagramm des Zahnproblems wiederholt wieder das, was die Diagramme der Verlustaufteilung und des Joch- und des Spulenkopfproblems deutlich und eindringlich hervorheben. Es rät, Abweichungen von der idealen, ebenmäßigen Anordnung möglichst zu verteilen. Es legt nahe, zu große, zu weitgehende Verstöße gegen das Gesetz abzuschwächen und lieber anders den ebenmäßigen Aufbau ein wenig zu stören.

So wirkt es ganz im Sinne der übrigen Gesetze der Formenlehre einheitlich und zielbewußt und deutet so, wie alle anderen Gesetze, auf das große Ideal, das immer beachtet werden muß.

50. Das Gesamtbild der Folgen der Abweichungen von den Formengesetzen. Der ehrgeizige Ingenieur ist im ersten Augenblick ein wenig enttäuscht, wenn er die Ergebnisse der Theorie der Abweichungen vom idealen Ebenmaß überschaut. Er findet leicht, daß die besten Fälle zu schwach hervortreten, und daß die Folgen der Übertretungen der Formengesetze zu mild sind. Er denkt dabei an jene Berufsgenossen, die sich wenig Mühe geben, die mit wenig Interesse an die Arbeit gehen und doch auch gute Maschinen fertigbringen können.

Vielleicht übertreibt man die kleine Enttäuschung des ehrgeizigen Mannes, wenn man ihr durch die Behauptung Ausdruck gibt, daß es nicht leicht ist, eine schlechte Maschine zu entwerfen. Aber es liegt ein tüchtiges Stück Wahrheit darin, nämlich insofern, als es tatsächlich nicht leicht ist, einen w i r t s c h a f t l i c h ganz schlechten Entwurf fertigzubringen.

Man darf indessen nicht zu schwarz sehen, wenn man an die Möglichkeiten des Erfolges denkt. Es ist eine alte Wahrheit, daß der Wissende alles, was er übersieht, für selbstverständlich hält und deshalb auch dem Unwissenden die gleichen Möglichkeiten zuschreibt. Er muß sich benachteiligt sehen, während er in Wirklichkeit gewaltig im Vorteil ist.

Aber davon ganz abgesehen, gibt es eine Unmenge von Umständen, die reichlich dafür sorgen, daß der Tüchtige in die erste Reihe vordringen kann, und daß das Leben des Konstrukteurs sauer genug wird. Erstens handelt es sich in der Praxis nicht nur um den besten wirtschaftlichen Entwurf, sondern um den besten Entwurf schlechthin, zweitens ist auch der beste wirtschaftliche Entwurf noch sehr schwer zu erreichen, sobald der ebenmäßige Aufbau nicht mehr möglich ist.

Die wirtschaftlichen Forderungen sind nicht die einzigen, die an eine gute Maschine gestellt werden. Sie darf auch nicht einen unangenehmen Leerlaufstrom haben, sie soll keinen zu großen induktiven Spannungabfall aufweisen, sie muß mit den Erwärmungsschwierigkeiten fertig werden, sie muß mechanisch den Beanspruchungen des Betriebes gewachsen sein.

Gerade die Spielräume, die die Formengesetze offen lassen, machen es dem wirklich tüchtigen Konstrukteur möglich, erfolgreich zu entwerfen. Sie müssen geschickt ausgenutzt werden, damit die Maschine in jeder Beziehung gut wird, sie bieten die Gelegenheit, auch die kalorischen, die elektrischen und die mechanischen Probleme mit dem wirtschaftlichen Problem zu verbinden.

Überlegt man sich den ganzen Sachverhalt genau, so wird man leicht entdecken, daß scharf hervorstechende Extrema, scharf gekennnnzeichnete Eigenschaften des günstigsten Entwurfes geradezu ein Unglück wären. Sie würden die Entwurfarbeit derart erschweren, daß es nur vom Zufall abhängen würde, ob eine Maschine gut oder schlecht ist. Außerdem würde der Wert einer Konstruktion mit den Schwankungen der Materialpreise derart veränderlich sein, daß die Spekulation an die Stelle der technischen Arbeit treten würde, kurz, die Formengesetze dürften gar nicht anders sein.

Daß sie in ihrer tatsächlichen Form scharf genug sind, zeigt vielleicht der einfache Hinweis auf die Verhältnisse, wie sie sich während des Weltkrieges herausgestellt haben, überzeugend. Die Konstruktionen vom Jahre 1914 sind nach drei Kriegsjahren bei weitem nicht mehr die besten gewesen. Der Gewichtseinheitspreis des Kupferdrahtes hat sich fast verzehnfacht, der Gewichtseinheitspreis des Dynamobleches verfünffacht. Das Preisverhältnis hat sich deshalb für den Maschinenkern stark verschoben, und die Verzahnung müßte geändert werden.

Verschiebungen der Verhältnisse, so wie hier, entsprechend 1 : 2, haben gerade noch keine verderblichen Folgen. Das haben wir beim Verlustaufteilungsgesetz, beim Joch- und beim Spulenkopfgesetz, endlich auch beim Zahngesetz gesehen. Sie verteuern die Maschine, wenn sie an einer Stelle der Konstruktion auftreten, um rund 5% — unnötigerweise.

Was hätte die Elektrotechnik für Arbeit, für unhaltbare Verhältnisse gehabt, wenn die Formengesetze nicht so fest wären? Wie hätte sie fortgesetzt umbauen müssen, wie würde der kaufmännische Betrieb der Elektroindustrie verwildert haben. Das wäre ein vollständiger Zusammenbruch gewesen.

Die Theorie der Abweichungen von den Formengesetzen zeigt erst, daß die Formenlehre einen wirklichen Teil der Baulehre bilden kann. Erst wenn es feststeht, daß die Formengesetze eine feste, verläßliche, schwer zu erschütternde Grundlage bilden, kann der Konstrukteur das ihm vorgezeichnete Ideal der elektrischen Maschine ernst nehmen. Er läuft keinem Irrlicht nach, wenn er das vorgeschriebene Ebenmaß anstrebt, wenn er Kosten und Verluste gleichmäßig zu verteilen sucht.

51. Das praktische Ebenmaß. Der Rückblick über die Theorie der Abweichungen vom Ebenmaß und über die Möglichkeiten des ebenmäßigen Aufbaues führt zu einem ungemein interessanten Ergebnis. Endlich sind wir in der Lage, festzustellen, daß tatsächlich die elektrische Maschine, so groß auch die Entfernung von der einfachen idealen Konstruktion ist, einem festen Ziele zustrebt.

So wie für die ideale Maschine die gleichmäßige Aufteilung der Kosten und der Verluste geboten ist, so anstrebenswert ist sie für die tatsächliche Maschine. Aber sie ist nicht immer erreichbar. Das haben uns die Untersuchungen deutlich gezeigt.

Wir konnten aus diesem Grunde das Prinzip des Ebenmaßes, das für die ideale Maschine gilt, für den ganzen Elektromaschinenbau nicht als gültig aufstellen. Wir konnten aber darauf hinweisen, daß bei schwierigen Fällen, bei Maschinen, die sich nicht ganz ebenmäßig aufbauen lassen, doch ein allgemeingültiges Prinzip zu herrschen scheint.

Es gibt in der Tat ein großes Entwurfsprinzip, das uneingeschränkt für den ganzen Elektromaschinenbau gilt. Jetzt, nachdem wir die Folgen des Nichteinhaltens der Formengesetze kennen, können wir es behaupten. Wir können sogar genau angeben, wie dieses Prinzip, in das sich gleichsam die ganze Formenlehre zusammendrängen läßt, lautet. Wir können die Lücke, die das Prinzip des idealen Ebenmaßes offen ließ, ausfüllen und so die Formenlehre abschließen.

Alle Schadengesetze, gleichgültig, ob es sich um Abweichungen von der gleichmäßigen Verlustaufteilung auf Kupfer und Eisen oder um Abweichungen vom Gesetz der Joche und der Spulenköpfe handelt, oder ob unrichtige Einteilungen im Maschinenkern in Frage kommen, zeigen, daß der Schaden mit der Größe der Abweichung unverhältnismäßig rasch zunimmt. Es ist weit günstiger, die Verlustaufteilung und die Kostenaufteilung im Eisen um je 100% zu verschieben, als nur die Verluste oder nur die Kosten um 200% zu verzerren. Irgendeine andere Zusammenstellung zweier oder mehrerer Verstöße gegen die Formengesetze zeigt dasselbe Bild.

Was das für die Baulehre bedeutet, ist klar. Unvermeidliche Abweichungen vom ebenmäßigen Aufbau sollen möglichst gleichmäßig über die Maschine verteilt werden. Die Unebenmäßigkeit soll selbst möglichst ebenmäßig sein. Das alte Prinzip drängt sich wieder vor, wir müssen es anerkennen.

Die Formenlehre verlangt:

Jede Maschine soll derart aufgebaut werden, daß die Verluste und die Kosten möglichst gleichmäßig auf das Jocheisen, auf das Spulenkupfer, auf das Zahneisen und

auf das Nutenkupfer verteilt werden. Dem idealen, ebenmäßigen Aufbau muß sie in allen Teilen gleichmäßig nahe kommen.

Das praktische Prinzip des Ebenmaßes steht vor uns, eine Erweiterung des Prinzips der idealen Maschine. Sie widersprechen einander nicht, sie können nebeneinander bestehen, denn das neue Prinzip enthält das alte als einen besonderen Fall.

Wir können auch dem allgemeinen, dem praktischen Prinzip die Eigenschaft nicht absprechen, die wir dem Prinzip der idealen Maschine zuerkennen mußten, nämlich, daß es eine ganz natürliche Lösung des großen wirtschaftlich-konstruktiven Problems ist, daß es so selbstverständlich klingt, daß man eine besondere Ableitung gar nicht verlangt, um es anzuerkennen.

Immer wieder zeigt es sich, daß die wirklich großen Naturgesetze von sehr einfachem Bau sind, daß die günstigsten Fälle gleichzeitig die einfachsten sind. Vielleicht darf auch dem praktischen Prinzip des Ebenmaßes die Mahnung für den Konstrukteur abgelesen werden, nicht zu künsteln, nicht geziert zu entwerfen, nicht krumme Wege zu gehen. Der gerade Weg ist so klar vorgezeichnet, er führt so verläßlich zum Ziele, das nicht aus den Augen verloren werden darf, daß jeder unnatürliche Kunstgriff schon von allem Anfang an verurteilt ist.

Noch eine Frage muß erledigt werden. Wenn die Kosten, die Verluste und die Abweichungen vom Ebenmaß gleichmäßig verteilt werden müssen, so muß noch festgestellt werden, wie man vorzugehen hat, wenn man einen großen Verstoß gegen ein Formengesetz in mehrere kleinere, die auch gegen die übrigen Gesetze gerichtet sind, umzuwandeln hat. Diese Frage wollen wir im folgenden ganz erledigen.

52. Das praktische Ebenmaß und die Verlustaufteilung. Eine der modernen Schwierigkeiten des Entwurfes ist, wie wir schon öfters erwähnt haben, die Beschränkung der Liniendichte durch den Leerlaufstrom bei gleichzeitiger Freizügigkeit der Stromdichte. Die Verluste lassen sich nicht gleichmäßig auf das Eisen und auf das Kupfer aufteilen.

Wenn wir eine Maschine vor uns haben, bei der die Kosten durchaus gleichmäßig auf die vier Teile zerlegt sind, die bei jeder Liniendichte gleich große Verluste im Joch- und im Zahneisen bekommt, wie sie auch bei jeder Strommenge die gleiche Wärmemenge im Nutenkupfer und in den Spulenköpfen entwickelt, so haben wir sofort die Aufgabe der Aufteilung einer großen Abweichung vom Formengesetze vor uns, wenn wir die Liniendichte nicht mit der Stromdichte in Einklang bringen können.

Was haben wir zu tun, wenn die Kupferwärme viel größer werden müßte als die Eisenwärme? Eine sehr naheliegende Maßregel ist die Verstärkung des Eisenquerschnittes, also die Vergrößerung der Zahnbreite und der Jochbreite bei gleichzeitiger Verkleinerung der Nutenbreite.

Die Kostengleichheit verschwindet, das Eisen wird teurer als das Kupfer. Gleichzeitig wird aber der Unterschied in den Verlusten kleiner, der grobe Verstoß gegen das Verlustgesetz hat sich verteilt. Auch der Verstoß gegen das Verlustgesetz der Joche und der Spulenköpfe ist kleiner geworden. Offenbar bekommt die ideale Konstruktion, die im Eisen schwächer belastet werden muß als im Kupfer, im Jocheisen zu kleine, im Spulenkopfkupfer zu große Verluste. Nach der Änderung der Querschnitte wird das Verhältnis besser.

Noch weiter kann die Störung des Verlustebenmaßes verteilt werden. Der Jochquerschnitt braucht nicht so stark vergrößert zu werden wie der Zahnquerschnitt. Die Eisenwärme der Joche kann demnach noch näher an das Ideal gebracht werden; dabei rückt aber auch der Preis des Joches, der nach der Änderung der Zahnbreite zu groß geworden ist, näher an den richtigen Wert.

Auch die Stromwärme der Köpfe kann noch verbessert werden. Die Länge der Maschine muß offenbar vergrößert werden. Überallhin greift der Ausgleich, überall können Teile der Unebenmäßigkeit abgeschoben werden. Die Aufgabe des Konstrukteurs erscheint gelöst.

Die Lösung ist der Praxis gut bekannt. Seit langem hilft sich der Elektromaschinenbau gegenüber der steigenden Stromdichte dadurch, daß er das Eisen dafür zahlen läßt, daß es nicht die Wärmelast richtig übernehmen will. Er verschiebt die Kostenaufteilung, weil die Verlustaufteilung unrichtig wird.

Die Lösung entspricht ganz und gar dem praktischen Prinzip des Ebenmaßes. Ja, sie ist besser, als es die Formenlehre vermuten läßt. Wir müssen auch an die elektrischen und an die kalorischen Probleme der elektrischen Maschine denken, wenn wir den vollen Wert der neueren Baurichtung erkennen wollen. Die Streuungserscheinungen werden weniger unangenehm und die Kühlung besser, wenn das Eisen stärker auftritt.

Wie weit die Kostenverschiebung im modernen Maschinenbau gediehen ist, zeigt am besten ein Beispiel aus dem Transformatorenbau. Verwendete man das Dynamoblech, so hatte man ein Verhältnis der Gewichtseinheitspreise von 1 : 4. Beim ebenmäßigen Transformator mußte demnach das Eisen viermal schwerer sein als das Kupfer. Der Liniendichte von 15 000 Kraftlinien/cm^2 entspricht dann nicht mehr die Stromdichte von 1,5 A/mm^2, sondern der doppelte Wert. Nur bei 3,0 A/mm^2 wird auch die Verlustaufteilung gleichmäßig.

15 000 Kraftlinien/cm^2 bilden die äußerste Grenze für die Liniendichte. Die Stromdichte steigt dagegen bei sehr großen Transformatoren auf 6 A/mm^2. Würde man demnach die gleichmäßige Kostenaufteilung um jeden Preis festhalten, so müßte man im Kupfer viermal größere Verluste zulassen als im Eisen.

Solche Verstöße gegen das Ebenmaß sind unstatthaft. Es bleibt nichts anderes übrig, als die Kosten des Eisens doppelt so groß werden zu lassen wie die Kosten des Kupfers. Dann werden auch die Verluste im Kupfer nur zweimal größer als die Verluste im Eisen.

Das ist das moderne Ebenmaß. Nur der Eingeweihte erkennt es unter der starken Entstellung des alten Ebenmaßes. Es hält von der alten, gleichmäßigen Aufteilung der Kosten und der Verluste so viel fest, wie es kann, es zwingt die unvermeidlichen Abweichungen von den Formengesetzen unter ein strenges Formengesetz. Es verbindet uns mit der alten Zeit, die uns maßgebend bleibt, obwohl sie weit rückwärts geblieben ist.

53. Das praktische Ebenmaß und das Jochproblem. Wenn beim Entwurf alles wunschgemäß ausgeht, wenn das Ebenmaß überall eingehalten werden kann, bleibt, wie wir gesehen haben, nur zu häufig zum Schluß doch ein grober Verstoß gegen das Verlustgesetz der Joche übrig. Wie verteilt man ihn?

Natürlich muß man vor allem den Jochquerschnitt vergrößern. Damit verbessert man die Verlustaufteilung, aber man stört die Kostenaufteilung. Die Abweichung vom Verlustgesetz der Joche geht zum Teil auf das Kostengesetz der Joche über, zum Teil auch auf das Grundgesetz der Verlustaufteilung.

Wir können noch stärker die ganze Konstruktion heranziehen. Wenn wir die Zahnbreite verkleinern, so kommen die Verluste im Jocheisen noch näher dem richtigen Wert. Dafür entfernen sich die Kosten der Spulenköpfe vom Ebenmaß. Die ganze Maschine kann mithelfen und mittragen.

Es ist bemerkenswert, daß gerade die Abweichungen vom Jochgesetz in der Praxis wenig über den Rahmen des Eisenkörpers hinausreichen. Fast immer werden sie so erledigt, daß ein Teil des notwendigen Verstoßes auf das Kostengesetz, der andere auf das Verlustgesetz der Joche entfällt.

Man findet bei sonst ebenmäßigen Maschinen sehr starke Joche, die viel teurer sind, als sie sein sollten und die viel mehr Verluste entwickeln, als sie eigentlich sollten. Ganz besonders bei Turbomaschinen ist die Erscheinung auffallend. Warum verteilt man die Unebenmäßigkeit nicht besser? Warum folgt man nicht dem praktischen Prinzip des Ebenmaßes?

Natürlich aus dem einfachen Grunde, weil man nicht kann. Die Zahnbreite kann man nicht verkleinern, um auch das Kupfer heranzuziehen, weil die steigende Stromdichte die entgegengesetzte Maßregel verlangt. Wenn zwei Schwierigkeiten gleichzeitig auftreten, wenn weder das Grundgesetz der Verlustaufteilung auf Eisen und Kupfer, noch das Verlustgesetz der Joche eingehalten werden kann, dann wird der Entwurf sehr schwer.

Das Grundgesetz der Verlustaufteilung, oder eigentlich das Steigen der Stromdichte bei bleibender Liniendichte ist stärker als das Verlustgesetz der Joche. Es greift tiefer ins Konstruktionswerk. Es hat deshalb bei der Beeinflussung der Zahnbreite den Vorrang. Das Joch muß andere Auswege suchen.

Es hat scheinbar in der Tat noch einen Weg. Die Zahnhöhe kann die Verluste des Maschinenkernes größer machen und so die Verluste im Jocheisen näher an das richtige Maß bringen. Aber die Zahnhöhe ist auch nicht frei. Die Formenlehre begrenzt sie zwar nicht. Dafür muß die Rücksicht auf die Streuspannung unbedingt beachtet werden. Es gibt kein Entrinnen. Die Schwierigkeiten des Joches müssen im Joch selbst ausgetragen werden. Der Turbomaschinenbau ist wirklich ein sehr schwieriges Gebiet für die Formenlehre.

Es erübrigt sich, noch anderen Abweichungen vom Ebenmaß nachzugehen und die Möglichkeiten zu suchen, wie sie verteilt werden. Die beiden praktisch wichtigen Fälle haben wir erledigt, die anderen bekommen keine große praktische Bedeutung; außerdem ist deren Behandlung leicht.

VIII. Beispiele.

54. Entwurf eines 10-kVA-Trockentransformators. Ein Bild schönsten Ebenmaßes gibt ein vom Verfasser im Jahre 1914 entworfener kleiner Transformator für natürliche Luftkühlung. Für eine Dauerleistung von 10 kVA bestimmt, hatte er die verhältnismäßig hohe Spannung von 10 000 Volt auf 390 Volt zu transformieren. Die Periodenzahl war 50, die zugelassene Verlustzahl 500 Watt.

Hochlegiertes Blech mit der spezifischen Verlustzahl

$$k_e = 1{,}5 \cdot 10^{-8}\ \text{Watt/kg}$$

mußte verwendet werden. Daß sich das gewöhnliche legierte Blech für die Konstruktion nicht eignete, geht aus der folgenden Rechnung deutlich hervor. Zur Erreichung des idealen Ebenmaßes wurde die Liniendichte ziemlich hoch angesetzt, nämlich auf

$$B = 13\,000\ \text{Kraftlinien/cm}^2;$$

schon deshalb mußte das teure Blech zu Hilfe genommen werden. Das Eisengewicht ist durch die spezifische Verlustzahl, die Liniendichte und die Gesamtarbeitswärme bereits bestimmt. Das Verlustaufteilungsgesetz teilt dem Kupfer und dem Eisen je die Hälfte der zugelassenen 500 Wärmewatt zu. Der Eisenkern muß demnach

$$G_e = \frac{250}{1{,}5 \times 10^{-8} \times 13\,000^2} = 99\ \text{kg}$$

wiegen.

Zur Zeit des Entwurfes war das Verhältnis der Gewichtseinheitspreise für die dünndrähtige Wicklung und den teuren Eisenkern ungefähr

$$3:1\,.$$

Das Ebenmaß verlangte daher neben 99 kg Eisen 33 kg Kupfer. Die Stromdichte, die sich mit der spezifischen Verlustzahl

$$k_k = 2{,}5\ \text{Watt/kg}$$

ergibt,

$$i = \sqrt{\frac{250}{2{,}5 \times 33}} = 1{,}74\ \text{A/mm}^2,$$

entspricht der kleinen Leistung und der einfachen Kühlungseinrichtung sehr gut. Sie könnte auch vom frei wählenden Konstrukteur kaum anders angesetzt werden.

Die Leistung, die untergebracht werden muß, fordert natürlich ein gewisses Produkt des Eisen- und des Kupferquerschnittes. Es handelt sich aber nicht um 10 000 VA, sondern um etwas mehr als 20 000, weil zwei Wicklungen vorhanden sind und der Erregerstrom ebenfalls Eisen und Kupfer fordert. Wir müssen primär mit 10 500 VA, sekundär mit 10 000 VA rechnen.

Gibt man der Säule den Eisenquerschnitt von F_e cm², so erreicht die Spannung einer Windung

$$\pi \cdot \sqrt{2} \cdot 50 \cdot 13\,000 \cdot 10^{-8} \cdot F_e = 2{,}88 \cdot 10^{-2} \cdot F_e \text{ Volt.}$$

Beträgt gleichzeitig der Kupferquerschnitt einer Säulenwicklung F_k cm², so haben wir eine Säulendurchflutung von

$$1{,}74 \cdot 10^2 \cdot F_k \text{ Amp.}$$

Bei drei Säulen kommen wir so zur Forderung:

$$F_e \cdot F_k = \frac{20\,500}{3 \times 2{,}88 \times 10^{-2} \times 1{,}74 \times 10^2} = 1360 \text{ cm}^2.$$

Wir kennen nun aber bereits den Raumbedarf für das Eisen und für das Kupfer. Für jenes brauchen wir, wenn es ein spezifisches Gewicht von 7,5 kg/dm³ hat,

$$\frac{99}{7{,}5} \times 10^3 = 13\,200 \text{ cm}^3,$$

für dieses

$$\frac{33}{8{,}9} \times 10^3 = 3710 \text{ cm}^3,$$

weil es 8,9 kg/dm³ wiegt.

Wenn wir uns daher den Wicklungskörper aufgerollt und den Eisenkörper gestreckt denken, so bekommen wir zum Querschnitt F_k die Länge l_k (cm) und ebenso zum Querschnitt F_e die Länge l_e (cm). Das Produkt dieser Längen muß:

$$l_e \cdot l_k = \frac{13\,200 \times 3710}{1360} = 36\,100 \text{ cm}^2$$

ausmachen.

Es ist natürlich nicht gleichgültig, wie man dieses Produkt zerlegt. Sehr verschieden sind gewöhnlich l_e und l_k nicht. Deshalb gibt der Wert:

$$l_e = l_k = \sqrt{36\,100} = 190 \text{ cm}$$

einen guten Anhaltspunkt.

Nach einigen Versuchen findet man, daß

$$l_e = 219 \text{ cm}$$

und

$$l_k = 165 \text{ cm}$$

gewählt werden muß. Das Jochgesetz verlangt nämlich gleiche Kosten und gleiche Verluste für das Joch- und für das Säuleneisen. Jedes der beiden Joche muß aus diesem Grunde

$$\frac{219}{4} = 54{,}75 \text{ cm},$$

jede der drei Säulen

$$\frac{219}{6} = 36{,}5 \text{ cm}$$

lang sein. Die mittlere Windungslänge muß

$$\frac{165}{3} = 55 \text{ cm}$$

betragen.

Wie sich diese Abmessungen miteinander vertragen, zeigt folgende Rechnung. Der Eisenquerschnitt ist auf

$$\frac{13\,200}{219} = 60{,}5 \text{ cm}^2$$

festgelegt. Er kann in einem Kreise von 100 mm Durchmesser untergebracht werden. Diesem Durchmesser entsprechend muß das Joch zunächst 2×100 mm, sodann aber noch $\frac{\pi}{4} \times 100$ mm seiner Länge hergeben. Der Rest:

$$547{,}5 - 278{,}5 = 269 \text{ mm},$$

kann für zwei Fensterbreiten von je 134,5 mm verwendet werden.

Der größte zulässige Spulendurchmesser ist damit auf

$$100 + 134{,}5 = 234{,}5 \text{ mm}$$

festgelegt, während der kleinste innere natürlich 100 mm beträgt. Die mittlere Windungslänge kann demnach in der Tat 550 mm betragen, wenn die beiden Wicklungen konzentrisch übereinander angeordnet werden.

Innerhalb des Fensterquerschnittes von

$$36{,}5 \times 13{,}45 = 490 \text{ cm}^2$$

muß der Kupferquerschnitt F_k zweimal untergebracht werden, weil zwei Säulen einen Fensterquerschnitt benutzen. Das gibt mit

$$F_k = \frac{3710}{165} = 22{,}5 \text{ cm}^2$$

einen Kupferfüllfaktor:

$$c_k = \frac{2 \times 22{,}5}{490} = 0{,}092\,,$$

der bei der kleinen Leistung und bei der großen Spannung nicht überrascht.

55. Entwurf eines 16 000-kVA-Großtransformators. Das ideale Ebenmaß wird undurchführbar, wenn wir uns vom kleinen Transformator des vorigen Beispiels einem Riesen von 16000 kVA Leistung bei 50 Perioden und 56 000/15 000 Volt zuwenden. Der Großtransformator wurde im Jahre 1913 von der Ganzschen Elektrizitäts-A. G. in Budapest als der größte der Zeit gebaut und konnte mit seinem vorzüglichen Kühlapparat 200 kW Verlustwärme dauernd abführen.

Die ebenmäßige Zerlegung der Verluste ist nicht möglich. Selbst wenn im Eisenkern aus legiertem Blech, dessen spezifische Verlustzahl

$$k_e = 2{,}5 \cdot 10^{-8}\ \text{Watt/kg}$$

war, die Liniendichte auf

$$B = 15\,000\ \text{Kraftlinien/cm}^2$$

hinaufgetrieben wird — der kühne Versuch wurde gemacht —, bleibt ein Eisenbedarf von

$$\frac{100\,000}{2{,}5 \times 10^{-8} \times 15\,000^2} = 17\,800\ \text{kg}\,.$$

Diesem Eisenkörper hätte bei dem Verhältnis der Einheitspreise von

$$4:1$$

ein Kupferkörper von

$$\frac{17\,800}{4} = 4450\ \text{kg}$$

gegenübergestellt werden müssen, was einer Stromdichte im Kupfer

$$i = \sqrt{\frac{100\,000}{2{,}5 \times 4450}} = 2{,}74\ \text{A/mm}^2$$

entspricht.

Mit dieser bescheidenen Beanspruchung konnte sich der Konstrukteur unmöglich zufriedengeben. Er konnte bis auf 4,2 A/mm² hinaufgehen. Es hieß demnach, die notwendige Unebenmäßigkeit möglichst gleichmäßig werden zu lassen und dem Ideal von allen Seiten gleich nahezukommen.

Das Problem ist leicht gelöst. Die Verluste müssen im Verhältnis der Stromdichten

$$\frac{4{,}2}{2{,}74}$$

in der einen, die Kosten in der anderen Richtung verschoben werden. Man bekommt so:

$$V_e = 79 \text{ kW},$$

$$V_k = 121 \text{ kW}$$

und

$$G_e = 14\,000 \text{ kg},$$

$$G_k = 2\,280 \text{ Kg},$$

denn es ist

$$\frac{121}{79} = \frac{14\,000}{4 \times 2280} = \frac{4{,}2}{2{,}74}$$

und

$$79 + 121 = 200 .$$

Nun kann wieder das Produkt des Eisenquerschnittes und des Kupferquerschnittes bestimmt werden. Hat die Säule F_e cm² Eisen, so beträgt die Windungsspannung:

$$\pi \cdot \sqrt{2} \cdot 50 \cdot 15\,000 \cdot 10^{-8} \cdot F_e = 3{,}33 \cdot 10^{-2} \cdot F_e \quad \text{Volt}.$$

Die Durchflutung einer Säule erreicht bei einem Kupferquerschnitt von F_k cm²

$$4{,}2 \cdot 10^2 \cdot F_k \quad \text{Amp}.$$

Es müssen aber 32 000 kVA auf 3 Säulen untergebracht werden. Deshalb lautet die Forderung:

$$F_e \cdot F_k = \frac{32\,000\,000}{3 \times 3{,}33 \times 10^{-2} \times 4{,}2 \times 10^2} = 762\,000 \text{ cm}^4.$$

Der Raumbedarf des Eisens

$$\frac{14\,000 \times 10^3}{7{,}5} = 1\,870\,000 \text{ cm}^3$$

und der Raumbedarf des Kupfers

$$\frac{2280 \times 10^3}{8{,}9} = 256\,000 \text{ cm}^3$$

geben somit das Produkt

$$l_e \cdot l_k = \frac{1\,870\,000 \times 256\,000}{762\,000} = 628\,000 \text{ cm}^2.$$

Beim Zerlegen dieses Produkts muß man an das Jochgesetz denken. Es geht hier indessen scheinbar nicht von vornherein an, das halbe Eisengewicht den Jochen und das halbe den Säulen zu geben. Die

Kosten des Joches würden sich dann nämlich zu den Gesamtkosten verhalten wie

$$\frac{7000}{14\,000 + 2280 \times 4} = \frac{1}{3{,}33}.$$

Die Eisenwärme des Joches würde dagegen zur Gesamtwärme im Verhältnis

$$\frac{39{,}5}{79 + 121} = \frac{1}{5{,}06}$$

stehen. Weder das Kosten-, noch das Verlustgesetz der Joche ist erfüllt. Aber die Unebenmäßigkeit ist beinahe ebenmäßig, so daß man bei der einfachen Gewichtsaufteilung bleiben kann.

Als Anhaltspunkt benutzen wir wieder den Wert

$$l_e = l_k = \sqrt{628\,000} = 792 \text{ cm}$$

und finden nach einigen Versuchen die Lösung:

$$l_e = 930 \text{ cm},$$
$$l_k = 667 \text{ cm}.$$

Sie kann folgendermaßen begründet werden.

Wenn das Säulen- und das Jocheisen gleich schwer sind, muß eine Säule

$$\frac{9300}{6} = 1550 \text{ mm}$$

lang sein.

Der Eisenquerschnitt von

$$\frac{1\,870\,000}{930} = 2010 \text{ cm}^2$$

kann in einem Kreise von 560 mm Durchmesser untergebracht werden. Das Joch hat demnach für die beiden Fensterbreiten nur je

$$\frac{2325 - \left(2 + \frac{\pi}{4}\right) \times 560}{2} = 382 \text{ mm}$$

frei. Der größte äußere Spulendurchmesser ist so auf

$$560 + 382 = 943 \text{ mm},$$

der kleinste innere auf 560 mm beschränkt. Der mittlere kann auf diese Art sehr gut

$$\frac{6670}{3 \times \pi} = 702 \text{ mm}$$

betragen.

Die gewählten Abmessungen entsprechen einem Kupferfüllfaktor:

$$c_k = 0{,}13$$

Der Fensterquerschnitt von

$$155 \times 38{,}2 \text{ cm}^2$$

muß nämlich den doppelten Kupferquerschnitt einer Säule aufnehmen. Dieser beträgt aber

$$F_k = \frac{256\,000}{667} = 384 \text{ cm}^2 .$$

Es ist nun in der Tat

$$0{,}13 = \frac{2 \times 384}{155 \times 38{,}2} .$$

Die schlechte Raumausnutzung der großen Maschine wird durch die außerordentlich energische Kühlung bedingt, die überall den Zutritt des Öles zum heißen Kupfer verlangt. Sie macht sich aber in der vorzüglichen Ausnutzung des Kupfers, das 4,2 A/mm² verträgt, glänzend bezahlt. Es ist offenbar billiger, den Raum mit Öl als mit Kupfer auszufüllen.

Die Abmessungen der tatsächlichen Konstruktion stimmen mit den oben ermittelten fast vollständig überein, nur ganz kleine, wenige Millimeter betragende Abweichungen wären feststellbar. Deutlich sieht man, wie sich die Formenlehre praktisch bewährt, wie sie leicht zum richtigen Entwurf führt.

56. Entwurf eines 50pferdigen Drehstrommotors. Bedeutend größere Schwierigkeiten als in den beiden vorangehenden Beispielen haben wir beim Entwurf eines Drehstrommotors zu überwinden. Der größere Abstand von der idealen Maschine wird deutlich bemerkbar, und die Herstellung des praktischen Ebenmaßes erweist sich als recht beschwerlich.

Ein 50pferdiger Asynchrondrehstrommotor für 500 Volt bei 50 Perioden/sec. soll für eine synchrone Umdrehungszahl von 750 Umdrehungen entworfen werden. Die Gesamtverluste bei Vollast sind auf 4000 Watt festgesetzt und schlechtes, nichtlegiertes Blech soll verwendet werden.

Die Formenlehre fordert in erster Linie das Ebenmaß in der Verlustaufteilung. Wir dürfen es zunächst als erreichbar betrachten und können, davon ausgehend, die Schwierigkeiten der Joch- und Spulenkopfbemessung voll aufdecken. Dann erst soll das praktische Ebenmaß, das Ebenmaß der Unebenmäßigkeit durchgesetzt werden.

Natürlich muß sich der Entwurf zuerst mit dem Kern der Maschine beschäftigen. Er kann sich auch ohne weiteres in erster Linie diesem Maschinenteil zuwenden. Die ebenmäßige Zerlegung der Verluste gibt ihm die unterzubringende Verlustwärme, die Leistung ist vorgeschrieben, die Stromdichte und die höchste Liniendichte in den Zähnen sind von vornherein festgelegt.

Von der Gesamtverlustmenge müssen natürlich erst alle Verluste getrennt werden, die nicht im arbeitenden Material entstehen, bevor die Zerlegung nach den Gesetzen der Formenlehre vorgenommen wird. Die Verluste der Lagerreibung, der Luftreibung und die Verluste, die in der Zahnoberfläche am Luftspalte entstehen, gehören nicht zu der Arbeitswärme. Wir können sie im ganzen auf rund 1000 Watt einschätzen. Für den Entwurf kommt demnach nur noch eine Arbeitswärme von 3000 Watt in Betracht.

Beim idealen, vollständig ebenmäßigen Aufbau müßte das Eisen 1500, das Kupfer ebenfalls 1500 Watt übernehmen. Dem Jocheisen fielen 750 Watt zu, ebensoviel aber auch dem Zahneisen. Auch die Spulenköpfe hätten 750 Watt zu tragen, und die restlichen 750 Watt würden auf das Nutenkupfer entfallen.

Auf den Maschinenkern müssen wir nach all dem beim ersten Versuch 750 Watt Eisen- und 750 Watt Kupferwärme legen. Aber die Eisenwärme entfällt voll und ganz auf den Ständer, die Kupferwärme auf den Ständer und auf den Läufer. Noch weiter müssen wir demnach mit der Zerlegung der Verluste gehen.

Ein großer Asynchronmotor hat im Ständer nur eine unwesentlich größere Durchflutung als im Läufer. Deshalb ist für den ersten Entwurf die Annahme gleicher Stromwärmeverluste im stehenden und im laufenden Teile des Motors gestattet. Sie führt uns sofort zu der schließlichen Verlustaufteilung, von der wir auszugehen haben. Das Ständerzahneisen bekommt 750 Watt, das Ständernutenkupfer 375 Watt Arbeitswärme.

Nun können wir bereits rechnen. Die spezifische Verlustzahl des nichtlegierten Bleches steigt im bearbeiteten Zahnkörper bis auf

$$k_e = 6{,}0 \cdot 10^{-8} \text{ Watt/kg},$$

weil die Wirbelstromverluste, die sich mit der Bearbeitung vervielfachen, schon normal sehr viel ausmachen. Beschränken wir demnach die höchste Zahninduktion auf

$$B = 14\,000 \text{ Kraftlinien/cm}^2,$$

so bekommen wir einen Zahneisenkörper von

$$\frac{750}{6{,}0 \times 10^{-8} \times 14\,000^2} = 64 \text{ kg}.$$

Genau ist diese Rechnung nicht, denn sie setzt voraus, daß die Zahnstärke durchweg gleich groß ist. Aber sie ist einfach, andererseits kann die Ungenauigkeit, die sie bringt, dadurch berücksichtigt werden, daß immer die kleinste Zahnbreite in die Rechnung eingeführt wird. Außerdem ist der Vorgang schon deshalb einwandfrei, weil die Berechnung der Eisenwärme immer sehr unsicher ist.

Die spezifische Verlustzahl des Kupfers ist bei Berücksichtigung der zusätzlichen Stromwärme etwa

$$k_k = 2{,}65 \text{ Watt/kg}.$$

Sie führt uns bei einer vorgeschriebenen Stromdichte von

$$i = 3{,}0 \text{ A/mm}^2$$

zu einem Kupfergewicht von

$$\frac{375}{2{,}65 \times 3{,}0^2} = 15{,}7 \text{ kg}.$$

Man bemerkt auf den ersten Blick ein schweres Mißverhältnis zwischen den Eisen- und den Kupferkosten. Die fertige Wicklung kann viermal teurer werden als ein Eisenkörper aus schlechtem Blech bei gleichem Gewicht. Aber sie kann dabei nicht auch den großen Blechabfall aufwiegen, mit dem der Zahneisenkörper immer zu rechnen hat.

Wir wollen dem zweifellos unhaltbaren Verhältnis zwischen der Eisen- und der Kupferwärme nicht gleich hier ein Ende bereiten. Erst müssen alle Schwierigkeiten der ebenmäßigen Verlustaufteilung aufgedeckt werden. Nur dann ist es möglich, den Entwurf so zu verbessern, daß die Forderungen der Formenlehre erfüllt werden.

Folgende Überlegung führt uns zum Ziel. Im Ständerkern, den wir zunächst aufbauen wollen, muß eine gewisse elektrische Leistung L (VA) untergebracht werden. Sie verlangt ein gegebenes Produkt des Kraftflusses und der Durchflutung.

Bei sinusförmiger Verteilung im Luftspalte erreicht der Kraftfluß

$$\frac{2}{\pi} \cdot \frac{F_e \cdot B}{p} \text{ Kraftlinien},$$

wenn F_e der Gesamteisenquerschnitt aller Zähne und p die Polzahl ist. Die Spannung eines Stabes erhalten wir so bei ν-Perioden/sec. zu

$$\nu \cdot \sqrt{2} \cdot \frac{F_e \cdot B}{p} \cdot 10^{-8} \text{ Volt}_{\text{eff}}.$$

Die Durchflutung aller Stäbe der Ständerwicklung gibt

$$F_k \cdot i \cdot 10^2 \text{ Amp},$$

wenn ihr Gesamtkupferquerschnitt F_k cm² beträgt. Beim Aufbau der elektrischen Leistung tritt dann noch der Wicklungsfaktor f_1 auf, der für sie den Ausdruck auf:

$$L = \nu \cdot \sqrt{2} \cdot f_1 \cdot \frac{F_e \cdot F_k}{p} \cdot B \cdot i \cdot 10^{-6} \text{ VA}$$

festlegt.

Im vorliegenden Falle haben wir, wenn wir den Wirkungsgrad und den Leistungsfaktor bei Vollast berücksichtigen:

$$L = 45\,500 \text{ VA},$$

ferner

$$\nu = 50 \sec^{-1},$$
$$f_1 = 0{,}96,$$
$$p = 8,$$
$$\mathrm{B} = 15\,000 \text{ Kraftlinien/cm}^2,$$
$$i = 3 \text{ A/mm}^2;$$

wir benötigen deshalb:

$$F_e \cdot F_k = \frac{8 \times 45\,500 \times 10^6}{\sqrt{2} \times 50 \times 0{,}96 \times 14\,000 \times 3{,}0} = 128\,000 \text{ cm}^4.$$

Den 64 kg Zahneisen entspricht nun bei einem spezifischen Gewicht des Eisens von 7,8 kg/dm³ ein Raumbedarf von

$$\frac{64 \times 10^3}{7{,}8} = 8220 \text{ cm}^3,$$

während den 15,7 kg Kupfer

$$\frac{15{,}7 \times 10^3}{8{,}9} = 1765 \text{ cm}^3$$

entsprechen. Wir brauchen nach all dem ein Produkt der Zahnhöhe h (cm) und der Eisenkörperlänge l (cm)

$$h\,l = \frac{8220 \times 1765}{127\,000} = 114 \text{ cm}^2.$$

Mit ziemlicher Genauigkeit kann man nun angeben, welcher Teil der Eisenkörperlänge l tatsächlich vom Eisen ausgefüllt wird. Wir können ihn ruhig mit 80% einschätzen. Deshalb müssen wir vom inneren Ständerumfang, ganz abgesehen von der Größe der Bohrung,

$$\frac{8220}{0{,}8 \times 114} = 90 \text{ cm}$$

für das Zahneisen vorsehen. Offenbar ändert sich dieser Eisenanteil in keiner Weise, wenn die Zahnhöhe geändert wird, solange das Produkt hl bleibt. Dieses Produkt kann aber nur durch die Verluste beeinflußt werden, die das Zahneisen und das Nutenkupfer übernehmen müssen. Wir müssen wiederum vermuten, daß die angenommene, ebenmäßige Verlustaufteilung unhaltbar ist, weil der eiserne Umfang allzugroß geworden ist.

Es ist bemerkenswert, daß auch der Kupferanteil des inneren Ständerumfangs durch das Produkt hl unabänderlich festgelegt ist, solange die Verluste nicht geändert werden. Immer ist nämlich der Kraftfluß der Eisenlänge l proportional, deshalb ist die notwendige Stabzahl l umgekehrt proportional. Da nun die Zahnhöhe ebenfalls mit l abnimmt, kann und muß die Kupferbreite aller Nuten bleiben.

Wir greifen eine beliebige Zahnhöhe heraus, etwa

$$h = 3{,}0 \text{ cm}.$$

Ihr entspricht eine reine Eisenlänge von

$$0{,}8 \times \frac{114}{3{,}0} = 30{,}4 \text{ cm}$$

und damit ein Kraftfluß von

$$\frac{2}{\pi} \times 30{,}4 \times \frac{90}{8} \times 14\,000 = 3{,}04 \times 10^6 \text{ Kraftlinien}.$$

Für 500 Volt braucht man dann in Sternschaltung

$$\frac{500}{\sqrt{3} \times \frac{\pi}{\sqrt{2}} \times 0{,}96 \times 50 \times 3{,}04 \times 10^{-2}} = 90$$

Stäbe in jeder Phase.

Der Strom bei Vollast

$$\frac{45\,500}{\sqrt{3} \times 500} = 52{,}5 \text{ Amp}$$

verlangt einen Drahtquerschnitt von

$$\frac{52{,}5}{3{,}0} = 17{,}5 \text{ mm},$$

der in Stäben von 4,72 mm Durchmesser untergebracht werden könnte. Mit dem Außendurchmesser des besponnenen Drahtes von 5,22 erhielte man so endlich die Kupferbreite am inneren Ständerumfang

$$3 \times \frac{\frac{90}{30}}{5{,}22} \times 0{,}472 = 22{,}2 \text{ cm}.$$

Das Isolationsmaterial beansprucht noch 4 mm in jeder Nut, so daß es bei drei Nuten für den Pol und für die Phase:

$$3 \times 3 \times 8 \times 0{,}4 = 28{,}8 \text{ cm}$$

in Anspruch nimmt. So entsteht die Bohrung

$$D = \frac{90 + 22{,}2 + 28{,}8}{\pi} = 45 \text{ cm}.$$

Der Reihe nach können wir nun die auftauchenden Schwierigkeiten aufdecken. Die Polteilung erreicht

$$\frac{45 \times \pi}{8} = 17{,}7 \text{ cm}.$$

Sie läßt eine mittlere Spulenkopflänge von ungefähr:

$$1{,}5 \times 17{,}7 = 26{,}6 \text{ cm}$$

erwarten. Die Nutenkupferlänge beträgt nun bei einer Zahnhöhe von 3,0 cm

$$\frac{114}{3} = 38 \text{ cm};$$

das Spulenkopfgesetz ist schwer verletzt und die Kupferwärme wird zu klein.

Man kann sich nur damit helfen, daß man die Zahnhöhe im Verhältnis

$$\frac{38}{26{,}6}$$

erhöht, denn dann bekommt auch der Nutenteil der Spule die Länge von 26,6 cm. Der Eisenbreite eines Poles von

$$\frac{90}{8} = 11{,}3 \text{ cm}$$

entspricht andererseits mindestens eine Jochbreite von

$$\frac{2}{\pi} \times 11{,}3 = 7{,}2 \text{ cm}$$

bei gleicher Liniendichte im Joch und im Maschinenkern. Sie führt zu einem mehr als 3,5 mal größeren Eisengewicht im Joch als im Maschinenkern, das dem Kostengesetz der Joche nicht gerecht werden kann. Außerdem aber gibt sie ganz unzulässig hohe Verluste im Joch und verlangt eine mindestens 3,5 malige Verkleinerung der Jochliniendichte, wobei selbstverständlich das Ebenmaß vollkommen in Brüche geht.

Daß die Forderungen des Zahnproblems nicht erfüllt sind, liegt auf der Hand. Der erste Entwurf ist ganz und gar unhaltbar, die gleichmäßige Verlustaufteilung muß aufgegeben werden.

Die notwendigen Änderungen haben eigentlich einen vorgeschriebenen Weg. Aber man darf nicht, vom ersten Eindruck getäuscht, annehmen, daß nur die Zerlegung der Eisenwärme besonders schlecht ist. In erster Linie sieht man wohl, daß das Eisen durchwegs überlastet ist. Das zeigt sich deutlich in der Aufteilung des inneren Ständerumfanges, dann aber auch in der großen Schwierigkeit des Joches. Ein Teil der Eisenwärme muß deshalb auf jeden Fall auf das Kupfer geschoben werden.

Welcher Teil? Diese Frage kann nicht ohne weiteres beantwortet werden. Wir müssen uns vorerst überlegen, welche Folgen für den Aufbau der Konstruktion eine Verlustverschiebung überhaupt hat.

Macht man die Eisenwärme x mal kleiner, so muß man, um die Gesamtarbeitswärme auf der vorgeschriebenen Höhe zu halten, die Kupferwärme ungefähr x mal größer machen. Das Produkt des Zahneisen- und des Nutenkupfergewichtes ändert sich demnach fast gar nicht, und da auch das Produkt des notwendigen Zahneisen- und des notwendigen Nutenkupferquerschnittes unberührt bleibt, behält das Längenprodukt der Zahnhöhe und der Eisenkörperlänge seine Größe.

Der eiserne innere Ständerumfang und der kupferne innere Ständerumfang folgen natürlich den Arbeitswärmen. Der eine wird x mal größer, der andere x mal kleiner. Die Verlustverschiebung trifft demnach in erster Linie das Zahnproblem.

Sie trifft aber auch das Jochproblem. Bleibt die Bohrung — sie ändert sich tatsächlich nur wenig —, so kann mit der Eisenwärme auch die Jochbreite x^2 mal kleiner werden. Waren demnach die Jochkosten vor der Verlustverschiebung zu groß, so greift die Änderung sehr wohltuend ein.

Die Zahnhöhe bleibt nämlich von der Verlustverschiebung fast unberührt. Bei unveränderter Bohrung ist die Spulenkopflänge unverändert, deshalb muß auch die Eisenkörperlänge bleiben. In dem festgebliebenen Längenprodukt kann sich dann die Zahnhöhe natürlich nicht rühren, das Joch wird tatsächlich entlastet.

Was macht man aber mit der Zahnhöhe, wenn sie zu groß ist? Diese Frage muß erledigt werden, bevor der Ausgleich beginnt. Sie hat möglicherweise auch einen Einfluß auf die Verlustaufteilung, sie könnte daher unter Umständen später stören.

Sie kann tatsächlich mit der Verlustaufteilung in Zusammenhang gebracht werden. Aber mit der inneren Verlustaufteilung. Bisher haben wir noch an der Gleichheit der Verluste im Joch- und Zahneisen, bzw. im Nuten- und Kopfkupfer festgehalten, jetzt müssen wir auch diese Ebenmäßigkeit aufgeben.

Macht man die Arbeitswärme des Maschinenkernes x mal kleiner, so muß man die Joch- und die Spulenkopfwärme ungefähr x mal größer machen. Das Produkt des Zahneisen- und des Nutenkupfergewichtes wird natürlich x^2 mal kleiner, deshalb aber auch das Längenprodukt $l \cdot h$.

Der eiserne und der kupferne Teil des inneren Ständerumfanges müssen x mal größer werden, das zeigt die vorangehende Rechnung deutlich. Natürlich wird die Spulenkopflänge fast x^2 mal größer als zuvor. Sie soll aber nach der inneren Verlustverschiebung x mal größer sein, als die Eisenkörperlänge. Die Zahnhöhe kann deshalb x mal kleiner werden.

Das Verhältnis zwischen dem Zahn- und dem Jocheisen wird von der inneren Verschiebung in der Verlustaufteilung ebenfalls berührt. Die Jochbreite wird zu klein, obwohl die Jochwärme wachsen darf. Das Kostenverhältnis zwischen Joch- und Maschinenkern müßte sich demnach verschlechtern.

Will man diesem Übelstande ausweichen, so muß man einen Teil der Eisenwärme des Maschinenkernes nur auf das Joch schieben, während man die Kupferwärme unberührt läßt. Macht man nämlich die Verluste in den Zähnen x mal kleiner, so muß man die Verluste der Joche ungefähr x mal vergrößern. Natürlich verkleinert man das Produkt $h \cdot l$ ebenfalls x mal. Die Folge davon ist die $x$fache Vergrößerung des kupfernen Ständerumfanges, während der eiserne bleibt. Der Zahn wird fast x mal niedriger werden können, weil der Kupferteil des Umfanges die Bohrung nur wenig vergrößern kann.

Nachher sollen die Verluste des Joches die Zahneisenwärme x^2 mal überwiegen. Die Jochbreite kann deshalb ebenso verkleinert werden wie die Zahnhöhe, das Kostenverhältnis zwischen Joch und Zahn kann bleiben.

Die Überlegung zeigt uns klar, daß wir die Verschiebung in der Verlustaufteilung auf Eisen und Kupfer ohne Rücksicht auf die Zahnhöhe durchführen können. Dieser Umstand bringt bemerkenswerte Vorteile. Die Ungleichheit der Eisen- und der Kupferwärme wirkt nämlich selbst im günstigen Sinne auf die Zahnhöhe, weil sie das Produkt $h \cdot l$ doch ein wenig verkleinert. Der kleine Gewinn kann demnach noch sichergestellt werden, bevor das Problem der Zahnhöhe in Angriff genommen werden muß, und die Aufgabe des entwerfenden Konstrukteurs wird einfacher.

Wenn wir im vorliegenden Falle der Lösung zustreben, so gehen wir von folgendem Grundbild aus: die Eisen- und die Kupferwärme sind gleich groß — ideales Ebenmaß. Das Jocheisen ist fast zehnmal teurer als das Zahneisen — ein schreiendes Mißverhältnis. Das Nutenkupfer ist nämlich ebenso teuer wie das Spulenkopfkupfer, nur das Kostengesetz der Joche ist demnach ganz und gar nicht erfüllt.

Auch die Forderungen des Zahnproblems sind im ersten Entwurf gar nicht berücksichtigt. Das zeigt uns deutlich das Zahndiagramm. Darin sind auf der Abszissenachse zunächst der kupferne (22,3 cm) und der eiserne Ständerumfang (90 cm) aufzutragen, so wie es die Abb. 5 vorschreibt. Sie geben zusammen ein Maß für die wirksame Nutenteilung. Der Anteil der Isolation (28,8 cm) ergänzt das Maß für die tatsächliche Nutenteilung.

Über der wirksamen Nutenteilung muß die Leistungsparabel konstruiert werten. Die y-Gerade bekommt die Steigung 1 : 4, wenn angesichts des Raumverlustes der Runddrähte die ganz eiserne Nut als dreimal billiger angenommen wird, als die ganz kupferne. Sie schneidet auf der Ordinatenachse den Abschnitt 1, auf der Ordinaten der tatsächlichen Nutenteilung den vierfachen Abschnitt aus. (Man vergleiche die Abb. 5.)

Die Tangente an die Parabel aus dem Schnittpunkte der y-Geraden mit der Abszissenachse kann leicht genau bestimmt werden. Drei beliebige Strahlen aus dem gegebenen Schnittpunkte, wovon der eine auch die Abszissenachse sein kann, schneiden die Parabel in 6 Punkten. Diese sechs Punkte gestatten, wie es die Abb. 5 klar zeigt, die Festlegung des Berührungspunktes.

Fast noch einmal so breit sollte der kupferne Umfang innen sein, als er sich aus dem ersten Entwurf ergibt. Das zeigt unser Diagramm. Bedeutende Verschiebungen in der Verlustaufteilung sind demnach vom Standpunkte des Zahnproblems nicht nur erlaubt, sondern sogar erwünscht. Die Verbesserung der Konstruktion verspricht glatt vonstatten zu gehen.

Wir setzen kurz entschlossen die Eisenwärme auf 1000, die Kupferwärme auf 2000 Watt fest. Dem Jocheisen fallen dann zunächst 500, dem Zahneisen ebenfalls 500 Watt zu. Das Nutenkupfer des Ständers bekommt bei gleichmäßiger Aufteilung der Kupferwärme natürlich auch 500 Watt.

Das Produkt des Zahneisen- und des Nutenkupfergewichtes wird im Verhältnis

$$\frac{750 \times 375}{500 \times 500} = \frac{1{,}125}{1}$$

kleiner. Das Längenprodukt der Zahnhöhe und der Eisenkörperlänge sinkt mit ihm auf

$$h \cdot l = \frac{114}{1{,}125} = 101{,}5 \text{ cm}^2.$$

Der eiserne Ständerumfang beträgt nur noch

$$90 \times \frac{114}{101{,}5} \times \frac{500}{750} = 66{,}7 \text{ cm},$$

der kupferne steigt auf

$$22{,}8 \times \frac{114}{101{,}5} \times \frac{500}{375} = 34{,}3 \text{ cm}.$$

Die Isolation braucht nach wie vor 28,8 cm. Das gibt eine Bohrung von

$$D = \frac{66{,}7 + 34{,}3 + 28{,}8}{\pi} = 41{,}3 \text{ cm}.$$

Jetzt haben wir eine mittlere Spulenkopflänge

$$l = \frac{41{,}3 \times \pi}{8} \times 1{,}5 = 24{,}5\,,$$

der Zahn muß deshalb nur noch

$$h = \frac{101,5}{24,5} = 4,15 \text{ cm}$$

hoch sein.

Der eisernen Polteilung von

$$\frac{66,7}{8} = 8,35 \text{ cm}$$

entspricht bei gleicher Liniendichte eine Jochbreite von

$$\frac{2}{\pi} \times 8,35 = 5,3 \text{ cm.}$$

Das Jocheisen ist deshalb mindestens

$$\frac{41,5 \times \pi}{8 \times 8,35} \times \frac{5,3}{4,15} = 2,5 \text{ mal}$$

schwerer als das Zahneisen. Es muß aber mindestens

$$2,5^2 = 6,25 \text{ mal}$$

schwerer gemacht werden, damit in beiden Eisenteilen gleiche Verluste auftreten.

Natürlich ist der Eisenaufwand des Joches nicht 6,25 mal, sondern nur

$$6,25 \times \frac{8,35 \times 8}{41,5 \times \pi} = 3,2 \text{ mal}$$

größer. Mit Rücksicht auf die Bearbeitungskosten dürfte er aber wohl etwa 1,5 mal größer sein, wenn das Kostengesetz der Joche erfüllt sein sollte. Das Joch ist ungefähr zweimal zu stark.

Auch die Kupferwärme ist gegenüber der Eisenwärme zweimal zu groß. Man sieht den Ausgleich, die notwendigen Abweichungen verteilen sich ebenmäßig.

Inzwischen hat das Kupfer ein Drittel der wirksamen Nutenteilung eingenommen. Die Forderungen des Zahnproblems sind fast voll erfüllt, der Entwurf ist wesentlich besser geworden. Das einzige, was noch übrigbleibt, wäre die Verbesserung der Nutenhöhe. Sie beträgt immer noch 41,5 mm, sie sollte noch verkleinert werden.

Wir entnehmen der Zahnwärme 100 Watt und legen sie auf das Joch. Sofort fällt das Längenprodukt auf

$$h \cdot l = 101,5 \times \frac{400}{500} = 81,2 \text{ cm}^2,$$

der eiserne Ständerumfang bleibt auf 66,7 cm stehen, der kupferne steigt auf

$$34,3 \times \frac{101,5}{81,2} = 43 \text{ cm.}$$

Die neue Bohrung beträgt

$$D = \frac{66{,}7 + 43 + 28{,}8}{\pi} = 44 \text{ cm}$$

die neue mittlere Spulenkopflänge

$$l = \frac{44 \times \pi}{8} \times 1{,}5 = 26 \text{ cm}\,.$$

Jetzt wird der Zahn nur noch

$$h = \frac{81{,}2}{26} = 3{,}12 \text{ cm}$$

hoch, das letzte Hindernis ist überwunden.

Wir haben es nicht notwendig, die 100 Watt im eigentlichen Joch selbst unterzubringen, der Teil der Nut, der vom Isolationsmaterial der Nut, unter anderem vom Nutenkeil, ausgefüllt ist, gibt einen Zahnteil, der zum Joch gehört. Diesen Teil dürfen wir

$$31{,}2 \times \frac{100}{400} = 7{,}8 \text{ mm}$$

hoch machen.

Der endgültige Entwurf gibt folgende Abmessungen:

Bohrung	440 mm
Eisenkörperlänge	260 „
Ständernutenhöhe	38 „
Ständerjochbreite	132 „
Äußerer Ständerdurchmesser	780 „

Er entspricht der Verlustaufteilung:

Zahneisenwärme	400 Watt
Jocheisenwärme	600 „
Ständernutenkupfer	500 „
Läufernutenkupfer	500 „
Spulenkopfkupfer	1000 „

Die Anpassung des Läufers an den Ständer bereitet keine weitere Schwierigkeiten.

Das vorliegende Beispiel gibt für jede Maschine das richtige Entwurfsverfahren an. Es deckt alle Schwierigkeiten auf, es zeigt, wie das Gute des ersten Entwurfes festgehalten und wie das Unhaltbare verbessert werden kann. Es zeigt, wie der Entwurf ohne Erfahrungswerte auskommen kann, wenn er die Gesetze der Formenlehre benutzt.